Web 前端开发

主　编　杨　波　王卫华
副主编　李　锦

北京理工大学出版社
BEIJING INSTITUTE OF TECHNOLOGY PRESS

内 容 提 要

本书以作者多年从事网页设计方面的教学经验为基础，结合行业标准编写而成。

本书共 10 个项目，包括 HTML 文档结构、网页中的文本和排版、网页中的表格、网页中的多媒体、网页中的表单、CSS 3 的选择器、CSS 3 图文混排、CSS 3 创建网页菜单、CSS 修饰表格表单、CSS 3 创建网格布局。本书注重从实际的工作过程出发，结合模块化的前端设计思路，解决读者在网站前端设计方面的困惑。

本书结构方面大胆创新，侧重实践和技能训练，利用项目由浅入深地掌握网页设计方面的知识和技能，在项目实施环节把知识点融会贯通，在项目拓展环节将知识应用于实战，在项目小结环节把所学知识归纳总结。

本书涉及面广泛，几乎涵盖了前端设计的所有重要知识，用通俗易懂的语言直指网页设计初学者的痛点，本书适合 Web 前端开发初学者、大中专相关专业学生，以及想要系统掌握 Web 开发基础知识的读者学习参考。

版权专有　侵权必究

图书在版编目（CIP）数据

Web 前端开发 / 杨波，王卫华主编 . —北京：北京理工大学出版社，2018.9（2021.7 重印）

ISBN 978-7-5682-5522-6

Ⅰ．①W… Ⅱ．①杨…②王… Ⅲ．①网页制作工具 Ⅳ．① TP393.092.2

中国版本图书馆 CIP 数据核字（2018）第 079124 号

出版发行 / 北京理工大学出版社有限责任公司

社　　址 / 北京市海淀区中关村南大街 5 号

邮　　编 / 100081

电　　话 /（010）68914775（总编室）
　　　　　（010）82562903（教材售后服务热线）
　　　　　（010）68948351（其他图书服务热线）

网　　址 / http: //www.bitpress.com.cn

经　　销 / 全国各地新华书店

印　　刷 / 定州市新华印刷有限公司

开　　本 / 787 毫米 × 1092 毫米　1/16

印　　张 / 15.5　　　　　　　　　　　　　　责任编辑 / 张荣君

字　　数 / 367 千字　　　　　　　　　　　　文案编辑 / 张荣君

版　　次 / 2018 年 9 月第 1 版　2021 年 7 月第 4 次印刷　责任校对 / 周瑞红

定　　价 / 38.50 元　　　　　　　　　　　　责任印制 / 边心超

图书出现印装质量问题，请拨打售后服务热线，本社负责调换

前言

　　HTML 5 和 CSS 3 的出现，极大地减轻了前端开发者的工作量，降低了开发成本，所以 HTML 5 和 CSS 3 在未来的技术市场中将更有竞争力。因此学习 HTML 5+CSS 3+Javascript 黄金搭档可以让读者掌握目前最新的前端技术，使前端设计从外观上变得更炫、技术上更简易。

　　本书精选具有代表意义的案例，并列出案例中的知识点，从基本知识点出发，深入浅出的进行案例分析，目的就是将理论和实践相结合，化抽象理论为直观操作，帮助读者理解应用。本书从易到难，详细、透彻地讲解各个知识点。

　　◆ 知识全面：涵盖了所有的前端设计的知识点，可以帮助读者由浅入深地掌握网页设计方面的技能。

　　◆ 图文并茂。在介绍案例的过程中，每一个操作均有对应的插图。这种图文结合的方式使读者在学习过程中能够直观、清晰地看到操作的过程及效果，便于更快地理解和掌握。

　　◆ 易学易用。操作性强，注重理论到实践的转换，知识点都要可操作性。

　　◆ 案例丰富。把知识点融汇于系统的案例实训中，并且结合经典案例进行讲解和拓展，进而实现"不仅知其然，而且知其所以然"的效果。

　　◆ 解析周到。本书对读者在学习过程中可能会遇到的疑难问题以"案例解析"和"注意"等形式进行说明，避免读者在学习的过程中走弯路。

　　◆ 资源众多。本书提供免费教学资源，包括 42 个视频微课，27 个精美教学 PPT，90 余个教学案例，27 个教学教案。

编 者

目录

项目 1　HTML 文档结构 ········ 1
1.1　项目描述 ········ 2
1.2　知识准备 ········ 2
- 1.2.1　HTML 5 文件基本结构 ········ 2
- 1.2.2　HTML 5 基本标签 ········ 3
- 1.2.3　Sublime 编辑器的使用 ········ 7
- 1.2.4　HTML 5 语法的变化 ········ 12
- 1.2.5　Chrome 浏览器的开发者工具 ········ 12

1.3　项目实施 ········ 15
- 1.3.1　标准的 HTML 5 网页 ········ 15
- 1.3.2　简单的 HTML 5 网页 ········ 16

1.4　项目拓展 ········ 17
1.5　项目小结 ········ 19
1.6　技能训练 ········ 20

项目 2　网页中的文本和排版 ········ 21
2.1　项目描述 ········ 22
2.2　知识准备 ········ 22
- 2.2.1　添加文本 ········ 22
- 2.2.2　文本排版 ········ 25
- 2.2.3　文字列表 ········ 27
- 2.2.4　添加图片 ········ 31

2.3　项目实施 ········ 33
- 2.3.1　图文混排的 HTML 5 网页 ········ 33
- 2.3.2　图文并茂的商品列表网页 ········ 36

2.4　项目拓展 ········ 39
2.5　项目小结 ········ 41
2.6　技能训练 ········ 42

项目 3　网页中的表格 ... 43
3.1　项目描述 ... 44
3.2　知识准备 ... 44
 3.2.1　表格基本结构 ... 44
 3.2.2　编辑表格 ... 47
 3.2.3　完整的表格标签 ... 53
3.3　项目实施 ... 54
3.4　项目拓展 ... 58
3.5　项目小结 ... 62
3.6　技能训练 ... 63

项目 4　网页中的多媒体 ... 65
4.1　项目描述 ... 66
4.2　知识准备 ... 66
 4.2.1　建立超链接 ... 66
 4.2.2　添加音频文件 ... 71
 4.2.3　添加视频文件 ... 73
4.3　项目实施 ... 76
4.4　项目拓展 ... 78
4.5　项目小结 ... 81
4.6　技能训练 ... 82

项目 5　网页中的表单 ... 83
5.1　项目描述 ... 84
5.2　知识准备 ... 84
 5.2.1　表单概述 ... 84
 5.2.2　表单基本元素 ... 85
 5.2.3　其他表单元素 ... 90
 5.2.4　表单高级元素 ... 92
5.3　项目实施 ... 94
5.4　项目拓展 ... 98
5.5　项目小结 ... 102
5.6　技能训练 ... 103

项目 6　CSS 3 的选择器 ... 105
6.1　项目描述 ... 106
6.2　知识准备 ... 106
 6.2.1　CSS 3 基本语法 ... 106
 6.2.2　CSS 3 引用方法 ... 107
 6.2.3　CSS 3 常用选择器 ... 110
 6.2.4　CSS 3 新增选择器 ... 116

6.3	项目实施	119
6.4	项目拓展	121
6.5	项目小结	124
6.6	技能训练	124

项目 7　CSS 3 图文混排　125

7.1	项目描述	126
7.2	知识准备	126
	7.2.1　CSS 3 美化文本	126
	7.2.2　CSS 3 美化段落	132
	7.2.3　CSS 3 美化图片	138
	7.2.4　CSS 3 图文混排	142
7.3	项目实施	144
	7.3.1　图文混排	144
	7.3.2　图片特效制作	145
7.4	项目拓展	147
7.5	项目小结	151
7.6	技能训练	152

项目 8　CSS 3 创建网页菜单　153

8.1	项目描述	154
8.2	知识准备	154
	8.2.1　CSS 3 美化超链接	154
	8.2.2　CSS 3 美化项目列表	159
8.3	项目实施	164
	8.3.1　制作垂直导航菜单	164
	8.3.2　制作水平导航菜单	166
8.4	项目拓展	168
8.5	项目小结	173
	8.5.1　美化超链接	173
	8.5.2　美化项目列表	173
	8.5.3　导航菜单制作技巧及方法	173
8.6	技能训练	174

项目 9　CSS 3 修饰表格表单　175

9.1	项目描述	176
9.2	知识准备	176
	9.2.1　使用 CSS 美化背景	176
	9.2.2　使用 CSS 设置线性边框	182
	9.2.3　使用 CSS 设置圆角边框	186
	9.2.4　使用 CSS 设置边框阴影	187

9.2.5	使用 CSS 设置图片边框	187
9.2.6	使用 CSS 修饰表格	189
9.3	项目实施	193
9.4	拓展训练	196
9.5	项目小结	201
9.6	技能训练	202

项目 10　CSS 3 创建网格布局　203

10.1	项目描述	204
10.2	知识准备	204
10.2.1	网格布局的重要术语	204
10.2.2	父元素网格容器属性	206
10.2.3	子元素网格项的属性	217
10.3	项目实施	221
10.3.1	创建网格布局	221
10.3.2	创建双飞翼布局	226
10.4	项目拓展	230
10.5	项目小结	234
10.6	技能训练	236

参考文献　237

项目 1

HTML 文档结构

- ■项目描述
- ■知识准备
- ■项目实施
- ■项目拓展
- ■项目小结
- ■技能训练

1.1 项目描述

网络已经成为人们学习、工作和娱乐中不可缺少的一部分，网页设计也成为学习计算机知识的重要内容之一。随着网络的发展，网页制作经历了从 Web1.0 时代用"三剑客"制作网页到 Web2.0 时代的前端开发，尤其是 HTML 5 标准的出现，解决了一些旧问题，增加了许多新特性。

本章学习 HTML 基本概念和编写方法及浏览 HTML 文件的方法，使读者初步了解 HTML，为后续的学习打下基础。

> **本项目学习要点** ⇨
> 1. HTML 5 文件的基本结构；
> 2. HTML 5 基本标签；
> 3. Sublime 编辑器的使用；
> 4. HTML 5 语法的变化；
> 5. Chrome 浏览器中的开发者工具。

1.2 知识准备

网络上的信息是以网页的形式展示给用户的，网页是网络信息传递的载体。网页文件是使用标记语言书写的，这种语言称为超文本标记语言（Hyper Text Markup Language，HTML），它是制作页面的标准语言。

HTML 是一种描述语言，而不是一种编程语言，主要用于描述超文本中的内容和结构。标记语言从诞生至今，经历了 20 多年，发展过程中也有很多曲折，经历的版本从 1.0 到 5.0 有 10 个版本。

HTML 最基本的语法如下：

```
<标签符>内容</标签符>
```

标签符一般都是成对出现，有一个开始符号和一个结束符号，结束符号只是在开头符号的前面加一个斜杠"/"。当浏览器收到 HTML 文本后，就会解释里面的标签符，然后把标签符相对应的功能表达出来

例如，在 HTML 5 中用 <p></p> 标签对定义一个段落，当浏览器遇到 <p></p> 标签对时，会把该标签中的内容自动形成一个段落。当遇到
 标签时，会自动换行，该标签后的内容会从一个新行开始。

用 <em></em> 标签对来定义文字为斜体字，用 <strong></strong> 标签对来定义文字为粗体。当浏览器遇到 <em></em> 标签对时，就会把标签中所有文字用斜体显示出来。

1.2.1 HTML 5 文件基本结构

完整的 HTML 文件包括标题、段落、列表、表格、回执的图形及各种嵌入的对象，这些对象统称为 HTML 元素。

一个 HTML 5 文档中，必须包含 <html></html> 标签，并且放在一个 HTML 5 文档中的开

始和结束位置,即每个文档以 <html> 开始,以 </html> 结束。<html></html> 之间通常包含两个部分,分别为 <head></head> 和 <body></body>,head 标签包含 html 头部信息,如文档标题、样式定义等。body 包含文档主体部分,即网页内容。需要注意的是,html 标签不区分大小写。

HTML 5 的文档结构如下:

```
1   <!DOCTYPE html>
2   <html lang="en">
3   <head>
4       <meta charset="UTF-8">
5       <title> 网页标题 </title>
6   </head>
7   <body>
8       网页内容
9   </body>
10  </html>
```

从上面的代码可以看出,一个基本的 HTML 5 网页由以下几个部分组成。

(1) <!DOCTYPE html> 文档声明:该声明必须位于 HTML 5 文档中的第一行,也就是位于 <html> 标签之前。该声明告知浏览器文档所使用的 HTML 规范。此声明不属于 HTML 标签,它是一条指令,告诉浏览器编写页面所用的标签的版本。

(2) <html></html> 标签对:说明本页面是用 HTML 语言编写的,让浏览器能够准确无误地解释和显示。

(3) <head></head> 标签对:标签是 HTML 的头部标记,头部信息不显示在网页中,此标签内可以包含一些其他标签,用于说明文件标题和整个文件的一些公用属性。可以通过 <style> 标签定义 CSS 样式表,通过 <script> 标签定义 JavaScript 脚本文件。

(4) <title></title> 标签对:title 是 head 中的重要组成部分,它包含的内容显示在浏览器的窗口标题栏中。如果没有 title,浏览器标题栏将显示本页的文件名。

(5) <body></body> 标签对:body 包含 HTML 页面的实际内容,显示在浏览器窗口的客户区中。例如,在页面中,文字、图像、动画、超链接,以及其他 HTML 相关的内容都是定义在 body 标签里面的。

1.2.2 HTML 5基本标签

1. 文档类型说明

HTML 5 中 Web 页面的文档类型说明(DOCTYPE)被极大地简化了,简单到15个字符就可以了,代码如下:

```
<!DOCTYPE html>
```

2. HTML 标签

HTML 标签以 <html> 开头、以 </html> 结尾,文档的所有内容写在开头和结尾的中间部分。<html> 标签的作用相当于设计者在告诉浏览器,整个网页是从 <html> 这里开始的,然后到 </html> 结束。

语法格式如下：

```
<html>
...
</html>
```

3.head 标签

head 标签用于说明文档头部的相关信息，一般包括标题信息、元信息、定义 CSS 样式和脚本代码等。HTML 的头部信息以 <head> 开始、以 </head> 结束。

语法格式如下：

```
<head>
...
</head>
```

<head> 元素的作用范围是整篇文档，定义在 HTML 语言头部的内容往往不会在网页上直接显示。

在头标签 <head> 与 </head> 之间还可以插入标题标签 <title>、元信息标签 <meta>、<link> 标签、<script> 标签、<style> 标签等。

（1）<head> 标签中的 <title> 标签。HTML 页面的标题一般是用来说明页面用途的，它显示在浏览器的标题栏中，在 HTML 文档中，标题信息设置在 <head> 与 </head> 之间。标题标签以 <title> 开始、以 </title> 结束。

语法格式如下：

```
<title>
...
</title>
```

在标签中间的"…"就是标题的内容，它可以帮助用户更好地识别页面。

（2）<head> 标签中的 <meta> 标签。<meta> 标签是 <head> 标签内的一个辅助性标签。<meta> 标签提供的信息不显示在页面中，一般用来定义页面的关键字、页面的描述等，以方便搜索引擎来搜索到页面的信息。

①字符集 charset 属性。在 HTML 5 中，有一个新的 charset 属性，它使字符集的定义更加容易。例如：

```
<meta charset="UTF-8">
```

②页面描述。meta description 元标签是一种 HTML 元标签，用来简略描述网页的主要内容，是通常被搜索引擎用在搜索结果页上展示给最终用户看的一段文字。页面描述在网页中并不显示出来，页面描述的使用格式如下：

```
<meta name="description" content="Web 前端设计 " />
```

③页面跳转。使用 <meta> 标签可以使网页在经过一定时间后自动刷新，这可通过将 http-equiv 属性值设置为 refresh 来实现。content 属性值可以设置为更新时间。

在浏览页面时经常会看到一些欢迎信息的页面，在经过一段时间后，这些页面会自动转到其他页面，这就是网页的跳转。页面定时跳转的语法格式如下：

```
<meta http-equiv="refresh" content=" 秒;[url= 网址 ]">
```

例如：

```
<meta http-equiv="refresh" content="5;url=http://www.sina.com.cn" />
```

④搜索引擎的关键词。Keywords 关键词对搜索引擎的排名算法起到一定的作用，也是进行网页优化的基础。使用格式如下：

```
<meta name="keywords" content="关键词1,关键词2" />
```

不同的关键词之间使用英文输入状态下的逗号隔开。例如，定义针对搜索引擎的关键词，代码如下：

```
<meta name="keywords" content="html5,css3,javascript,html,css" />
```

（3）<head> 标签中的 <link> 标签。<link> 标签用于外部文件的链接，一般用于链接外部 CSS 样式表文件和 JS 文件。也是在 HTML 中插入 CSS 样式表的 3 种方法之一，链接样式是 CSS 中使用频率最高，也是最实用的方法。它很好地将"页面内容"和"样式风格代码"分离成两个或多个文件，实现了页面框架 HTML 5 代码和 CSS 3 代码的完全分离，使前期制作和后期维护都十分方便。

语法格式：

```
<link rel="stylesheet" type="text/css" href="theme.css" />
```

其中，rel 指定链接到样式表，其值为 stylesheet；type 表示样式表类型为 CSS 样式表；herf 指定 CSS 样式表所在的位置，此处表示当前路径下名称为 theme.css 的文件。

这里使用的是相对路径，如果 HTML 文档与 CSS 样式表没有在同一路径下，则需要指定样式表的绝对路径或引用位置。

【例 1-1】创建一个 link 链接外部 CSS 文件的实例，代码如下（示例文件 1-1.html）。

```
1  <!DOCTYPE html>
2  <html lang="en">
3  <head>
4       <meta charset="UTF-8">
5       <title>链接外部 CSS 文件 </title>
6       <link rel="stylesheet" href="css/style.css">
7  </head>
8  <body>
9       <img src="images/writing.png" alt="">
10 </body>
11 </html>
```

新建 CSS 文件夹（此文件夹与 1-1.html 在同一目录中）在 CSS 文件夹中创建 style.css 文件，代码如下（示例文件 css/style.css）。

```
1  img{
2       width:200px;
3       height:200px;
4       border:5px solid #f00;
5  }
```

实例解析

1-1.html 文件的第 9 行代码使用 img 标签在网页中插入一个图片（此图片文件在与 1-1.html 文件同级的 images 文件夹中）。

style.css 文件中的 width 设定了 img 标签的宽度；height 设定了 img 标签的高度；border 设定了 img 标签的边框。

在 Chrome 浏览器中预览，效果如图 1-1 所示。

图 1-1　在 Chrome 浏览器中预览的效果

（4）<head> 标签中的 <script> 标签。<script> 标签用于定义客户端页面脚本。常用的脚本有 JavaScript，常见的应用有图像操作、表单验证及动态内容更新。

语法如下：

```
<head>
    <script type="text/javascript">
        alert("Web 前端设计 ");
    </script>
</head>
```

（5）<head> 标签中的 <style> 标签。<style> 标签用于定义元素的 CSS 样式。在 HTML 中插入 CSS 样式表的另外一种方法是内嵌样式，内嵌样式就是将 CSS 代码添加到 <head> 与 </head> 之间的 <style> 和 </style> 标签之间。这种写法虽然没有完全实现页面内容和样式控制代码的完全分离，但可以设置一些比较简单的样式，并统一页面样式。

【例 1-2】将例 1-1 用内嵌样式表示，代码如下（示例文件 1-2.html）。

```
1  <!DOCTYPE html>
2  <html lang="en">
3  <head>
4      <meta charset="UTF-8">
5      <title>内嵌样式的 CSS 代码示例 </title>
6      <style>
```

```
7                    img{
8                            width:200px;
9                            height:200px;
10                           border:5px solid #f00;
11                   }
12              </style>
13         </head>
14         <body>
15              <img src="images/writing.png" alt="">
16         </body>
17    </html>
```

4.body 标签

网页所要显示的内容都要放在 body 标签内，它是 HTML 文件的重点，<body> 标签的作用就是定义了网页主题内容的开始和结束。然而它并不仅仅是一个形式上的标签，它本身也可以控制网页的背景颜色或背景图片。

5. 页面注释标签 <!-- -->

注释是在 HTML 代码中插入描述性的文本，用来解释该代码或提示其他信息。注释也只出现在代码中，浏览器对注释代码不进行解释，在浏览器页面中不显示。在编写 HTML 代码时，编写者经常要在一些关键代码旁做一下注释，这样做是为了方便理解、查找或其他程序员了解编写者的代码，而且也便于编写者对自己的代码进行修改。

语法如下：

```
<!-- 注释的内容 -->
```

其中，"<!--" 表示注释的开始，"-->" 表示注释的结束。

1.2.3　Sublime编辑器的使用

html 文件其实就是一个文本文档，但后缀为 html。用户在创建时可以使用多种编辑器，对于 Windows 自带的记事本和写字板，由于开发效率低、代码不容易阅读等缺点，使用的人很少；相对效率高一点的有 UltraEdit、EditPlus、Notepad++、VIM 等，提供代码着色、多文件编辑、显示行数等功能，部分用户会使用；Sublime 作为 Web 前端开发的"御用工具"之一，提供了代码智能提示，智能补全等功能，使代码输入更加智能和便捷，大大提升了开发效率，而且 Sublime 相对轻巧灵活，界面清爽，所以受到很多用户的青睐。

1.Sublime Text 编辑器的安装

用户可以自己从网站（http://www.sublimetextcn.com/）上下载 Sublime Text 3 的中文版安装程序。

双击 Sublime Text 3 的安装程序，单击"立即安装"按钮，打开如图 1-2 所示的对话框。

图 1-2 安装 Sublime Text 3 程序

在此对话框中可以修改安装路径，然后单击"下一步"按钮，打开如图 1-3 所示的对话框，安装完成。

安装Sublime
编辑器

图 1-3 Sublime Text 3 程序安装完成

2.Sublime Text 3 下 Emmet 的使用技巧

Emmet 是前端开发快速输入代码的一种方式，作为文本编辑器的插件存在，可以帮助用户快速编写 HTML 和 CSS 代码，加快 Web 前端开发的速度。

下面介绍 Emmet 插件的几个常用使用技巧。

（1）初始化文档。HTML 文档需要包含一些固定的标签，如 <html>、<head>、<body> 等，在编辑器中需要一个个输入，而使用 Emmet 插件只需要 1 秒钟就可以输入这些标签。

例如，输入"!"或"html:5"，然后按 Tab 键或 Ctrl+E 组合键，即可出现如图 1-4 所示的代码。

在编辑器中
新建文件

图 1-4 初始化文档

（2）添加 ID。在元素名称和 ID 之间输入"#"，Emmet 会自动补全代码，如输入"p#ok"后按 Tab 键，结果如图 1-5 所示。

```
1  <!DOCTYPE html>
2  <html lang="en">
3  <head>
4      <meta charset="UTF-8">
5      <title>Document</title>
6  </head>
7  <body>
8      <p id="ok"></p>
9  </body>
10 </html>
```

图 1-5　添加 ID

（3）添加类。在输入时类名称之前加"."，Emmet 会自动补全代码，如输入"p.text#ok"后按 Tab 键，结果如图 1-6 所示。

```
1  <!DOCTYPE html>
2  <html lang="en">
3  <head>
4      <meta charset="UTF-8">
5      <title>Document</title>
6  </head>
7  <body>
8      <p id="ok"></p>
9      <p class="text" id="ok"></p>
10 </body>
11 </html>
```

图 1-6　添加类

（4）添加文本和属性。在输入 HTML 元素的内容时，将内容用"{}"括起来，如输入"h1{北京理工大学出版社}"后按 Tab 键，结果如图 1-7 所示。

```
1  <!DOCTYPE html>
2  <html lang="en">
3  <head>
4      <meta charset="UTF-8">
5      <title>Document</title>
6  </head>
7  <body>
8      <p id="ok"></p>
9      <p class="text" id="ok"></p>
10     <h1>北京理工大学出版社</h1>
11 </body>
12 </html>
```

图 1-7　添加文本

对于 HTML 元素的属性则用 "[]" 括起来，如输入 "a[href=#]" 后按 Tab 键，结果如图 1-8 所示。

图 1-8 添加属性

（5）标签的嵌套。标签的嵌套实现方法也很简单。
① +：同级标签符号，如，输入 "h1+h2" 后按 Tab 键，结果如图 1-9 所示。

图 1-9 同级标签符号

② >：子元素符号，表示嵌套的元素，如输入 "p>span" 后按 Tab 键，结果如图 1-10 所示。

图 1-10 子元素符号

③ ^：可以使该符号前的标签提升一行，如输入 "p>span^p" 后按 Tab 键，结果如图 1-11 所示。

图 1-11 使该符号前的标签提升一行

（6）代码组合。Emmet 使用标签的嵌套和括号可以快速生成代码组合，如输入 "（.text>h1）+（.map>h2）" 后按 Tab 键，结果如图 1-12 所示。

图 1-12 代码组合

（7）隐式标签。使用 Emmet 进行快速输入时，如只输入“.text”，Emmet 会根据父标签进行判定从而得到不同的代码。下面是所有的隐式标签名称。

① li：用于 ul 和 ol 中。

② tr：用于 table、tbody、thead 和 tfoot 中。

③ td：用于 tr 中。

④ option：用于 select 和 optgroup 中。

如图 1-13 所示，在不同的标签下，同样输入“.text”却得到不同的结果。

```
<body>
    <ul>
        <li class="text"></li>
    </ul>
    <div>
        <div class="text"></div>
    </div>
    <table>
        <tr class="text">
            <td class="text"></td>
        </tr>
    </table>
</body>
```

图 1-13　隐式标签

Sublime编辑器使用技巧

（8）定义多个元素。Emmet 可以使用“*”符号来定义多个元素，如输入“ul>li*3”后按 Tab 键，结果如图 1-14 所示。

```
<body>
    <ul>
        <li></li>
        <li></li>
        <li></li>
    </ul>
</body>
```

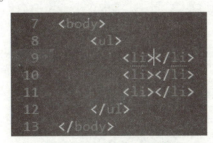

图 1-14　定义多个元素

（9）定义多个带属性的元素。Emmet 使用“$”符号来指定编号，如输入“ul>li.text$*3”后按 Tab 键，将会生成如图 1-15 所示代码。

```
<body>
    <ul>
        <li class="text1"></li>
        <li class="text2"></li>
        <li class="text3"></li>
    </ul>
</body>
```

图 1-15　指定编号

Emmet 可以使用“$@-”符号来指定反向编号，如输入“ul>li.text$@-*3”后按 Tab 键，将会生成如图 1-16 所示代码。

图 1-16　指定反向编号

1.2.4　HTML 5语法的变化

为了兼容各个不统一的页面代码，HTML 5 的设计在语法上做了以下变化。
（1）标签不再区分大小写。
（2）允许属性值不使用引号。
（3）允许部分属性值的属性省略。

1.2.5　Chrome浏览器的开发者工具

浏览器是网页运行的环境，因此浏览器的类型也是在网页设计时遇到的一个问题。由于各个软件厂商对 HTML 标准的支持有所不同，导致同样的网页在不同的浏览器下会有不同的表现。

为保证设计出来的网页在不同浏览器上效果一致，HTML 5 可以让问题简单化，具备友好的跨浏览器特性。为了能更好地展现网页效果，本书中所有的网页代码都在 Chrome 浏览器下运行。

Chrome 开发者工具（DevTools 或 Developer Tools）是 Google Chrome 浏览器中内置的一组网页制作和调试工具。开发者工具为网页开发人员提供了访问浏览器及其网页应用程序内部的代码。使用开发者工具有效地跟踪布局问题，设置 JavaScript 断点，并获得代码优化的策略。

1. 如何打开开发者工具

（1）直接在页面上右击，然后选择"审查元素"或者"检查"选项。
（2）单击浏览器"自定义及控制"按钮，弹出下拉菜单，选择"更多工具"中的"开发者工具"选项。
（3）直接按 F12 键。
（4）使用组合键（Ctrl+Shift+I）。

2. 开发者工具简介

Chrome 开发者工具中，调试时使用最多的 3 个功能页面是元素（Elements）、控制台（Console）、源代码（Sources），此外还有网络（Network）等，下面主要介绍元素功能页面。

元素（Elements）用于查看或修改 HTML 元素的属性、CSS 属性、监听事件、断点等，如图 1-17 所示。

项目 1　HTML 文档结构

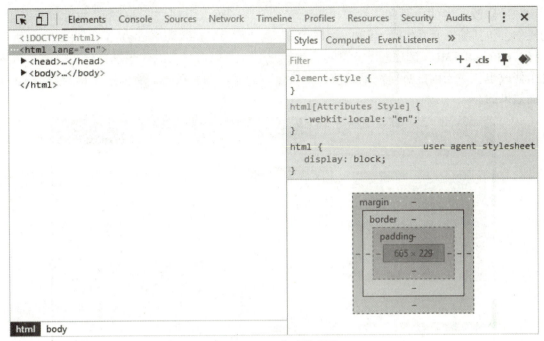

图 1-17　元素功能页面

（1）查看元素的代码和属性。单击左上角的箭头图标（或按 Ctrl+Shift+C 组合键）进入选择元素模式，最后从页面中选择需要查看的元素，然后可以在开发者工具元素（Elements）一栏中定位到该元素源代码的具体位置。

定位到元素的源代码之后，可以从左侧查看元素的 HTML 代码，从右侧查看元素的 CSS 属性，如图 1-18 所示。

图 1-18　查看元素的代码和属性

13

（2）修改元素的代码和属性。单击元素并右击，可以看到 Chrome 提供的可对元素进行的操作，包括编辑元素代码（Edit as HTML）、修改属性（Edit attribute）等，如图 1-19 所示。选择"Edit as HTML"选项时，元素进入编辑模式，可以对元素的代码进行任意修改。当然，这个修改也仅对当前的页面渲染生效，不会修改服务器的源代码，所以这个功能是用来调试页面效果的。

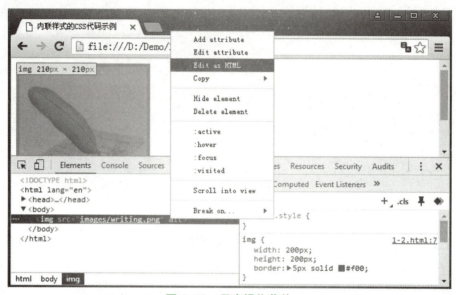

图 1-19　元素操作菜单

在元素的 Styles 页面，可以对元素的 CSS 属性进行修改，甚至删除原有属性、添加新属性。不过，这些修改仅对当前浏览器的页面展示生效，不会修改 CSS 源代码，如图 1-20 所示，添加了图片的透明度（opacity）、改变图片边框的颜色。这个功能可以进行 CSS 属性的修改，来调整和完善元素的渲染效果。

图 1-20　修改元素的代码和属性

1.3 项目实施

1.3.1 标准的HTML 5网页

通过此项目的学习，让读者了解到 HTML 5 结构中 head 标签部分代码的应用。此项目实施制作一个符合 W3C 标准的 HTML 5 网页，具体步骤如下。

（1）启动 Sublime 程序，执行"文件"菜单中的"新建"命令或使用 Ctrl + N 组合键新建一个文件，执行"文件"菜单中的"保存"命令或使用 Ctrl + S 组合键保存文件名称为"1-3.html"。

（2）输入"!"，按 Tab 键就会按照 HTML 5 规范自动创建如下代码。

```html
<!DOCTYPE html>
<html lang="en">
<head>
    <meta charset="UTF-8">
    <title>Document</title>
</head>
<body>

</body>
</html>
```

（3）修改 `<title>` 网页标题、`<meta>` 元信息和注释内容，并在网页的主体中添加内容，代码如下：

```html
<!DOCTYPE html>
<html lang="en">
<head>
    <meta charset="UTF-8">
    <!-- 设置浏览器的阅读编码 -->
    <title>Web 前端设计 </title>
    <!-- 设置网站首页的标题 -->
    <meta name="keywords" content="Web 前端设计, 前端设计, Web 设计 ">
    <!-- 设置网站的关键字 -->
    <meta name="description" content="Web 前端设计, 和有梦想的人一起学习HTML5、CSS3 和 JavaScript 技术。">
    <!-- 网站描述 -->
</head>
<body>
    <h3>Web 前端设计特点 </h3>
    <p>
    Web 前端设计, 紧跟时代步伐 <br>
    Web 前端设计, 源自企业需求 <br>
    Web 前端设计项目驱动教学, 所需即所学, 所学即所用。<br>
```

```
            </p>
    </body>
</html>
```

（4）再次执行"文件"菜单中的"保存"命令或使用 Ctrl + S 组合键保存文件。
（5）在页面中右击，从弹出的快捷菜单中选择"在浏览器中打开"命令，效果如图 1-21 所示。

标准的Html网页

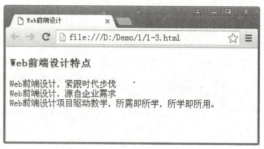

图 1-21　Web 前端设计页面

1.3.2　简单的HTML 5网页

制作一个简单的 HTML 5 网页，具体操作步骤如下。
（1）用 Sublime 编辑器创建一个文件，保存名称为"1-4.html"。
（2）输入"！"，按 Tab 键就会按照 HTML 5 规范自动创建代码，修改网页标题，输入主体内容，代码如下：

```
1   <!DOCTYPE html>
2   <html lang="en">
3   <head>
4       <meta charset="UTF-8">
5       <title> 简单的 HTML 5 网页 </title>
6   </head>
7   <body>
8       <h2>悯农二首 </h2>
9       <h4> 唐代：李绅 </h4>
10      <p>
11      春种一粒粟，秋收万颗子。<br>
12      四海无闲田，农夫犹饿死。<br>
13      </p>
14      <p>
15      锄禾日当午，汗滴禾下土。<br>
16      谁知盘中餐，粒粒皆辛苦？<br>
17      </p>
18      <img src="images/minnong.jpg" alt="">
19  </body>
20  </html>
```

（3）保存网页，在 Chrome 浏览器预览，效果如图 1-22 所示。

简单的
html 5 网页

图 1-22　简单的 HTML 5 网页

1.4　项目拓展

通过项目实施，能够制作出简单的 HTML 5 网页，但对于文字的大小、颜色和图片不能控制，此项目利用简单 CSS 代码对上例中文本和图片进行格式设置，制作如图 1-23 所示的网页。

图 1-23　简单的 HTML 5+CSS 网页

具体操作步骤如下。

（1）分析需求。首先要对左边的文字进行大小、颜色的设置，右边图片大小的设置，然后让右边的图片和左边的文字并排显示在一行。

（2）用 Sublime 编辑器创建一个文件，保存名称为"1-5.html"，输入"！"按 Tab 键，修改 title 标签内容为"简单的 HTML 5+CSS 网页"。

```
<!DOCTYPE html>
<html lang="en">
<head>
    <meta charset="UTF-8">
    <title>简单的 HTML 5+CSS 网页 </title>
</head>
<body>

</body>
</html>
```

(3)在 body 中创建内容,在 <head> 标签之间用 <style> 标签添加内嵌样式的 CSS 代码。

```
1   <!DOCTYPE html>
2   <html lang="en">
3   <head>
4       <meta charset="UTF-8">
5       <title>简单的 HTML 5+CSS 网页 </title>
6       <style>
7           h2{color:red;}
8           h4{font-size:9px;color:gray;}
9           p{font-size:14px;color:green;}
10          img{width:170px;}
11          div,img{float:left;}
12      </style>
13  </head>
14  <body>
15      <div>
16          <h2>悯农二首 </h2>
17          <h4>唐代:李绅 </h4>
18          <p>
19              春种一粒粟,秋收万颗子。<br>
20              四海无闲田,农夫犹饿死。<br>
21          </p>
22          <p>
23              锄禾日当午,汗滴禾下土。<br>
24              谁知盘中餐,粒粒皆辛苦?<br>
25          </p>
26      </div>
27      <img src="images/minnong.jpg" alt="">
28  </body>
29  </html>
```

简单的html 5
加CSS网页

项目 1　HTML 文档结构

实例解析

以上代码第 6~12 行是内嵌样式的 CSS 代码，其中的 h2、h4、p、img 和 div 都是 CSS 3 常用的一种标签选择器。例如，p 选择器，就是声明页面中所有 <p> 标签的样式风格。

第 7 行中 h2 选择器声明第 16 行"悯农二首"的字体颜色为红色。

第 8 行中 h4 选择器声明第 17 行"唐代：李绅"的字体大小为 9px（px 是像素单位），颜色为灰色。

第 9 行中 p 选择器声明第 18~21 行和 22~25 行里的内容的字体大小为 14px，颜色为绿色。

第 10 行中 img 选择器声明第 27 行中图片的宽度为 170px。

第 11 行中同时声明了 div 和 img 选择器向左浮动。

1.5　项目小结

本项目通过项目实施和项目拓展制作了符合 W3C 标准的 HTML 5 网页、简单的 HTML 5 网页和利用 CSS 代码对文本及图片进行格式设置 3 个案例，学习了 HTML 5 文件的基本结构、基本标签和 Sublime 编辑器的使用等内容，掌握了 <head> 标签、<title> 标签、<meta> 标签、<link> 标签、<style> 标签、编辑器快速输入及 Chrome 浏览器开发者工具使用技巧。

HTML 5 基本结构如图 1-24 所示。

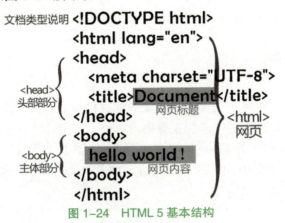

图 1-24　HTML 5 基本结构

本项目主要知识点总结如表 1-1 和表 1-2 所示。

表 1-1　HTML 5 基本标签及说明

标签	内部标签	说明	
<HTML>		整个网页是从 <html> 这里开始，然后到 </html> 结束	head 标签代表页面的"头"，定义一些特殊内容，这些内容都是在浏览器不可见的
<head>	<title>	定义网页的标题	
	<meta>	定义网页的基本信息（供搜索引擎）	
	<style>	定义 CSS 样式	
	<link>	链接外部 CSS 文件或脚本文件	
	<script>	定义脚本语言	
	<base>	定义页面所有链接的基础定位（用得很少）	
<body>		代表页面的"身"，定义网页展示内容，这些内容都是在浏览器可见的	
<!-- -->		页面注释标签是为了代码可读易懂，注释的内容在浏览器不会显示出来	

表 1-2 Sublime 编辑器的使用技巧

类别	方法
初始化文档	输入"!"或"html:5",然后按 Tab 键或 Ctrl+E 组合键
添加 ID	在元素名称和 ID 之间输入"#"
添加类	在输入时类名称之前加"."
添加文本和属性	将 HTML 元素的内容用"{}"括起来,元素的属性用"[]"括起来
标签的嵌套	>:子元素符号,表示嵌套的元素; +:同级标签符号; ^:可以使该符号前的标签提升一行
代码组合	使用标签的嵌套和括号可以快速生成代码组合
隐式标签	进行快速输入时,根据父标签进行判定从而得到不同的代码。 隐式标签名称如下。 li:用于 ul 和 ol 中。 tr:用于 table、tbody、thead 和 tfoot 中。 td:用于 tr 中。 option:用于 select 和 optgroup 中
定义多个元素	使用"*"符号来定义多个元素
定义多个带属性的元素	使用"$"符号来指定编号,使用"$@-"符号来指定反向编号

1.6 技能训练

通过测试练习环节,对本项目涉及的英文单词进行重复练习,既可以熟悉 html 标签的单词组合,也可以提高代码输入的速度和正确率。

在浏览器中打开素材中的 Exercise1.html 文件,如图 1-25 所示,单击"开始打字测试"按钮,在文本框输入上面的单词,输入完成后,单击"结束/计算速度"按钮即可显示所用时间、错误数量和输入速度等信息。

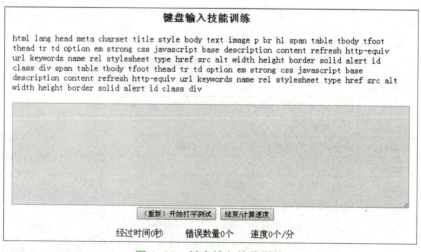

图 1-25 键盘输入技能训练

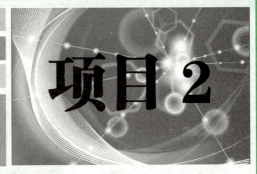

项目 2

网页中的文本和排版

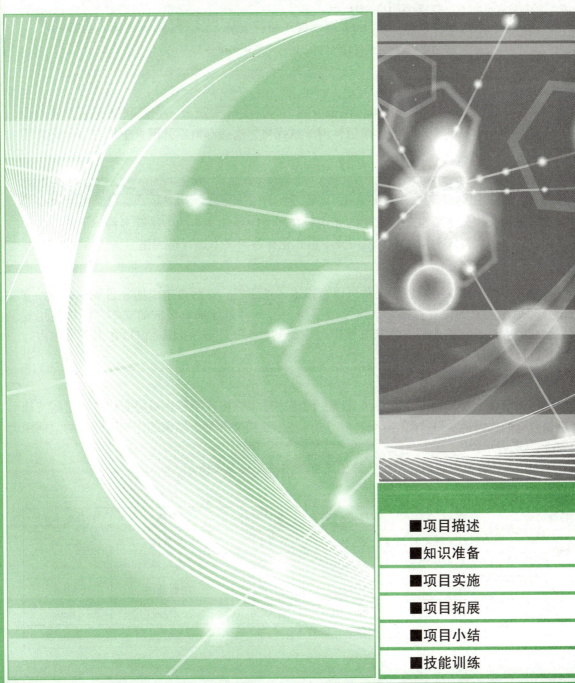

- ■ 项目描述
- ■ 知识准备
- ■ 项目实施
- ■ 项目拓展
- ■ 项目小结
- ■ 技能训练

2.1 项目描述

网页的外观是否美观,很大程度上取决于排版。在页面中出现大段的文字,通常采用分段进行规划,对换行也有极其严格的划分。本项目从添加文字、图片、列表等细节设置开始,让读者学习后能利用标签自如地处理大段文字的排版和简单的图文混排。

> **本项目学习要点** ⇨ 1. 网页中各种文本的添加;
> 2. 文字的排版标签;
> 3. 网页中的图片。

2.2 知识准备

网页中的大部分内容是由文本、图形、列表等标签元素组成。在互联网高速发展的今天,无论是公司网站、个人博客、微信微博、自媒体,这些都离不开网页中最基本、最常用的元素。

2.2.1 添加文本

文本是网页中最主要也是最常用的元素,在网页中添加文本的方法有多种,下面介绍如何添加普通文本、特殊字符文本及使用文本格式化标签对文本进行格式化。

1. 添加普通文本

普通文本就是指汉字或使用键盘可以直接输入的字符。在网页中添加普通文本有两种方法,一种是在需要的位置直接输入汉字或字符,另一种是如果有现成的文本,可以使用复制、粘贴的方法,把需要的文本从其他窗口中复制过来,回到 Sublime 窗口在需要文本内容的位置进行粘贴即可。

2. 添加特殊字符文本

在网页中输入特殊字符,需要在 HTML 代码中输入该特殊字符相对应的代码。这些特殊字符相对应的代码都是以 "&" 开头、以 ";"(注意是英文分号)结束的,如不断行的空格用 " " 来表示。

HTML 中还有大量这样的字符,常用的特殊字符如表 2-1 所示。

表 2-1 特殊字符

特殊符号	名称	HTML 代码	特殊符号	名称	HTML 代码
"	双引号(英文)	&quot;	§	分节符	&sect;
'	左单引号	&lsquo;	©	版权符	&copy;
'	右单引号	&rsquo;	®	注册商标	&reg;
×	乘号	&times;	™	商标	&trade;
÷	除号	&divide;		欧元	&euro;

续表

特殊符号	名称	HTML 代码	特殊符号	名称	HTML 代码
<	小于号	&lt;	£	英镑	&pound;
>	大于号	&gt;	¥	日元	&yen;
&	与符号	&amp;	°	度	&deg;
—	长破折号	&mdash;			
|	竖线	|			

在编辑化学公式或物理公式时，使用特殊字符的频度非常高，如果每次输入时都去查询或记忆这些特殊符号的代码，工作量是相当大的，在此提供一些输入技巧。

对于部分键盘上没有的字符，可以借助中文输入法的软键盘，如单击搜狗拼音输入法的"软键盘"按钮，弹出如图 2-1 所示的输入方式选项。

图 2-1 输入方式

单击"特殊符号"按钮，弹出如图 2-2 所示的符号大全，在此选择需要输入的符号类型，选择相应的特殊符号。

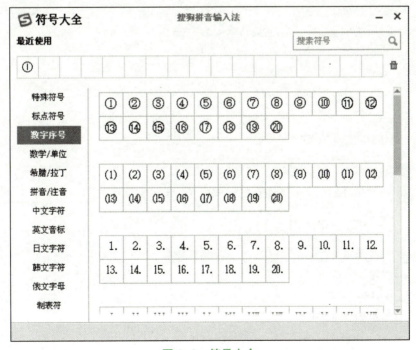

图 2-2 符号大全

3. 文本格式化标签

（1）粗体标签 <b>、<strong>。在 HTML 文档中，重要文本通常以粗体显示，可以使用两个标签 <b> 或 <strong>。<b> 标签和 <strong> 标签加粗的效果是一样的。但是在实际开发中，想要对文本加粗，尽量用 <strong> 标签，不要用 <b> 标签，这是由于 <strong> 标签比 <b> 标签更具有语义性。

（2）斜体标签 <i>、<em>。在 HTML 文档中，使用 <i> 或 <em> 标签实现文本的倾斜显示。

（3）上标标签 <sup> 和下标标签 <sub>。在 HTML 文档中，用 <sup> 标签实现上标文本，用 <sub> 标签实现下标文本。<sup> 和 <sub> 都是双标签，放在开始标签和结束标签之间的文本会分别以上标和下标的形式出现。

（4）删除线标签 <s> 和下划线标签 <u>。在 HTML 文档中，用 <s> 标签呈现那些不再准确或不再相关的内容，用 <u> 标签实现文本的下划线效果。

【例 2-1】文本格式化标签实例，代码如下所示（示例文件 2-1.html）。

```
1    <!DOCTYPE html>
2    <html lang="en">
3    <head>
4        <meta charset="UTF-8">
5        <title> 文本格式化标签实例 </title>
6    </head>
7    <body>
8        <p> 粗体标签 </p>
9        <b> 使用 &lt b&gt 标签的粗体文本 </b><br>
10       <strong> 使用 &lt strong&gt 标签的粗体文本 </strong>
11       <hr>
12       <p> 斜体标签 </p>
13       <p> 使用 &lt i&gt 标签的斜体文本 </p>
14       <p> 使用 &lt em&gt 标签的斜体文本 </p>
15       <hr>
16       <p> 上标、下标标签 </p>
17       <p> 使用 &lt sup&gt 标签的 <sup> 上标文本 </sup></p>
18       <p> 使用 &lt sub&gt 标签的 <sub> 下标文本 </sub></p>
19       <hr>
20       <p> 删除线标签 </p>
21       <p> 使用 &lt s&gt 标签的 <s> 删除线标签 </s></p>
22       <hr>
23       <p> 下划线标签 </p>
24       <p> 使用 &lt u&gt 标签的 <u> 下划线标签 </u></p>
25   </body>
26   </html>
```

在浏览器中预览效果如图 2-3 所示。

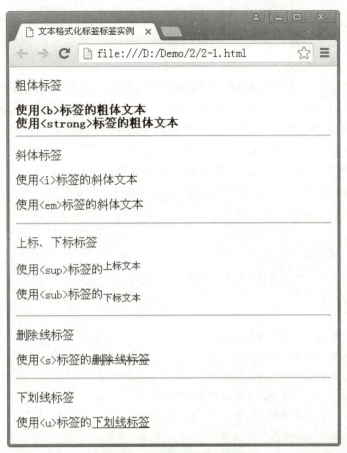

图 2-3　文本格式化标签实例

2.2.2 文本排版

在网页中，对文字段落进行排版时，并不像文本编辑软件 Word 那样可以定义许多模式来安排文字的位置。在网页中，要让某一段文字放在特定的地方，是通过 HTML 标签来完成的。其中，换行使用
 标签，换段使用 <p> 标签。

1. 换行标签

换行标签
 是一个单标签，它没有结束标签，是英文单词 break 的缩写，作用是将文字在一个段内强制换行。一个
 标签代表一个换行，连续的多个标签可以实现多次换行。使用换行标签时，在需要换行的位置添加
 标签即可。

2. 段落标签 <p>

在 HTML 文档中，使用 <p> 标签来标记一段文字。

段落标签是双标签，即 <p></p>，在 <p> 开始标签和 </p> 结束标签之间的内容形成一个段落。如果省略结束标签，从 <p> 标签开始，直到遇见下一个段落标签之前的文本，都在一个段落内。

段落标签会自动换行，并且段落与段落之间有一定的空隙。

在例 2-1.html 中，用到了换行标签
 和段落标签 <p>，从图 2-3 预览效果图中很明显能看到，用 <p> 标签会导致两文字段落之间有一定空隙，而换行标签
 则不会。
 用来给文字换行，而 <p> 标签用来给文字分段。

3. 标题标签 <h1>~<h6>

在 HTML 文档中，文本的结构除了以行和段出现之外，往往还包含有各种级别的标题。各种级别的标题由 <h1>~<h6> 元素来定义，<h1>~<h6> 标签中的字母 h 是英文 header 的简称。作为标题，它们的重要性是有区别的，其中 <h1> 标题的重要性最高，<h6> 标题最低。一般一个页面只能有一个 <h1>，而 <h2>~<h6> 可以有多个。

【例 2-2】标题标签实例，代码如下所示（示例文件 2-2.html）。

```
1  <!DOCTYPE html>
2  <html lang="en">
3  <head>
4      <meta charset="UTF-8">
5      <title> 标题标签实例 </title>
6  </head>
7  <body>
8      <h1> 山不在高，有仙则名 </h1>
9      <h2> 水不在深，有龙则灵 </h2>
10     <h3> 斯是陋室，惟吾德馨 </h3>
11     <h4> 苔痕上阶绿，草色入帘青 </h4>
12     <h5> 谈笑有鸿儒，往来无白丁 </h5>
13     <h6> 可以调素琴，阅金经 </h6>
14 </body>
15 </html>
```

在浏览器中预览效果如图 2-4 所示。

图 2-4 标题标签实例

标题标签 <h1>~<h6> 是有顺序的。对于 6 个标题标签，在一个网页，不需要全部都用上，这是根据实际需要采用的。

从浏览器预览效果可知，标题标签的级别越高，字体越大。

<h1>~<h6> 标题标签并非是那么简单的，对于网页搜索引擎优化，是极其重要的标签。

2.2.3 文字列表

文字列表是网页中一种常用的数据排列方式，文字列表可以有序地编排一些信息资源，使其结构化和条理化，并以列表的样式显示出来，以便浏览者能更加快捷地获得相应的信息。

HTML 中的文字列表共有 3 种，即有序列表、无序列表和自定义列表。有序列表的列表项目有先后顺序之分。无序列表的所有列表项之间没有先后顺序之分。自定义列表是一组带有特殊含义的列表，一个列表项目里包含条件和说明两部分。

1. 建立有序列表 <ol>

有序列表的各个列表项是有顺序的。有序列表从 <ol> 开始到 </ol> 结束，中间的列表项是 <li> 标签内容。有序列表的列表项是有先后顺序的，一般采用数字或字母作为顺序，默认是采用数字顺序，其结构如下：

```
<ol>
    <li> 有序列表项 </li>
    <li> 有序列表项 </li>
    <li> 有序列表项 </li>
</ol>
```

【例 2-3】建立有序列表实例，代码如下所示（示例文件 2-3.html）。

```
1   <!DOCTYPE html>
2   <html lang="en">
3   <head>
4       <meta charset="UTF-8">
5       <title>有序列表</title>
6       <style>
7           ol{float:left;width:100px;}
8       </style>
9   </head>
10  <body>
11      <ol>
12          <li>HTML</li>
13          <li>CSS</li>
14          <li>JavaScript</li>
15          <li>jQuery</li>
16      </ol>
17      <ol type="A">
18          <li>HTML</li>
19          <li>CSS</li>
20          <li>JavaScript</li>
```

```
21          <li>jQuery</li>
22      </ol>
23      <ol type="a">
24          <li>HTML</li>
25          <li>CSS</li>
26          <li>JavaScript</li>
27          <li>jQuery</li>
28      </ol>
29      <ol type="I">
30          <li>HTML</li>
31          <li>CSS</li>
32          <li>JavaScript</li>
33          <li>jQuery</li>
34      </ol>
35      <ol type="i">
36          <li>HTML</li>
37          <li>CSS</li>
38          <li>JavaScript</li>
39          <li>jQuery</li>
40      </ol>
41  </body>
42  </html>
```

在浏览器中预览效果如图 2-5 所示。

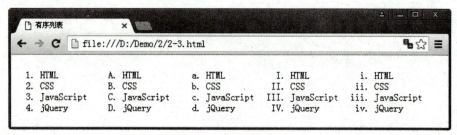

图 2-5 有序列表实例

从上例可以看出，在默认情况下，有序列表使用数字作为列表项符号，除此之外还可以通过有序列表 type 属性来改变列表项符号，如表 2-2 所示。

表 2-2 有序列表 type 属性

type 属性值	列表项的序号类型
1	数字 1、2、3……
a	小写英文字母 a、b、c……
A	大写英文字母 A、B、C……
i	小写罗马数字 i、ii、iii……
I	大写罗马数字 I、II、III……

type 属性实现的效果可以用 CSS 的 list-style-type 实现，在后面的项目中会学习到。

2. 建立无序列表 <ul>

无序列表相对于有序列表而言，没有前面的顺序符号，只以符号作为分项标识。无序列表使用一对 <ul></ul> 标签，其中每一个列表项使用 <li></li> 标签，结构如下：

```
<ul>
    <li> 无序列表项 </li>
    <li> 无序列表项 </li>
    <li> 无序列表项 </li>
</ul>
```

在无序列表结构中，使用 <ul></ul> 标签作为一个无序列表的开始和结束，<li> 则表示一个列表项的开始。在一个无序列表中可以包含多个列表项，并且 <li> 标签的结束标签可以省略。

默认情况下，无序列表的项目符号是●，还可以通过无序列表 type 属性来改变无序列表的列表项符号，如表 2-3 所示。

表 2-3　无序列表 type 属性

type 属性值	列表项的序号类型
disc	默认值，实心圆"●"
circle	空心圆"○"
square	实心正方形"■"

【例 2-4】建立无序列表实例，代码如下所示（示例文件 2-4.html）。

```
1    <!DOCTYPE html>
2    <html lang="en">
3    <head>
4        <meta charset="UTF-8">
5        <title> 无序列表 </title>
6        <style>
7            ul{float:left;width:100px;}
8        </style>
9    </head>
10   <body>
11       <ul>
12           <li>HTML</li>
13           <li>CSS</li>
14           <li>JavaScript</li>
15           <li>jQuery</li>
16       </ul>
17       <ul type="disc">
18           <li>HTML</li>
19           <li>CSS</li>
```

```
20          <li>JavaScript</li>
21          <li>jQuery</li>
22      </ul>
23      <ul type="circle">
24          <li>HTML</li>
25          <li>CSS</li>
26          <li>JavaScript</li>
27          <li>jQuery</li>
28      </ul>
29      <ul type="square">
30          <li>HTML</li>
31          <li>CSS</li>
32          <li>JavaScript</li>
33          <li>jQuery</li>
34      </ul>
35  </body>
36  </html>
```

在浏览器中预览效果如图 2-6 所示。

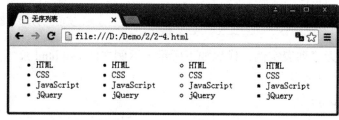

图 2-6　无序列表实例

3. 建立自定义列表 <dl>

在 HTML 中还可以自定义列表，自定义列表的标签是 <dl>。自定义列表由定义条件和定义描述两部分组成，其结构如下：

```
<dl>
    <dt> 定义名词 </dt>
    <dd> 定义描述 </dd>
    ...
</dl>
```

在该结构中，<dl> 标签和 </dl> 标签分别定义了列表的开始和结束，<dt> 后面添加要解释的名词，而在 <dd> 后面则添加该名词的具体解释。

【例 2-5】建立自定义列表实例，代码如下所示（示例文件 2-5.html）。

```
1   <!DOCTYPE html>
2   <html lang="en">
3   <head>
4       <meta charset="UTF-8">
```

5	`<title>`自定义列表`</title>`
6	`</head>`
7	`<body>`
8	`<dl>`
9	`<dt>`文本排版`</dt>`
10	`<dd>`换行标签 br`</dd>`
11	`<dd>`段落标签 p`</dd>`
12	`<dd>`标题标签 h1～h6`</dd>`
13	`<dt>`文字列表`</dt>`
14	`<dd>`有序列表 ol`</dd>`
15	`<dd>`无序列表 ul`</dd>`
16	`<dd>`自定义列表 dl`</dd>`
17	`</dl>`
18	`</body>`
19	`</html>`

在浏览器中预览效果如图 2-7 所示。

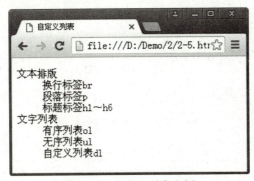

图 2-7 自定义列表实例

2.2.4 添加图片

图片是网页中不可缺少的元素，巧妙地在网页中使用图片，可以为网页增色不少。网页支持多种图片格式，包括 GIF、JPEG、BMP、PNG、TIFF 等格式的图片文件，其中使用最多的是 GIF 和 JPEG 两种格式，另外在网页中还可以对插入的图片设置宽度和高度，设置图片的提示文字等。

在 HTML 文档中，插入图像使用单标签 `<img>`，图像标签的常用属性如表 2-4 所示。

表 2-4 img 标签常用属性

属　性	说　明
src	图像的文件地址
alt	图片显示不出来时的提示文字
title	鼠标移到图片上的提示文字
width	设置图像的宽度
height	设置图像的高度

src 和 alt 这两个属性是 <img> 标签必不可少的属性，title 属性的值往往都是跟 alt 属性的值相同。

1. img 标签 src 属性

src 即 source（源文件）。img 标签的 src 属性用于指定图像源文件所在的路径，它是图像必不可少的属性。其结构如下：

```
<img src=" 图片地址 ">
```

img 标签是一个自闭合标签，没有结束标签。src 属性用于设置图像文件所在的路径，这一路径可以是相对路径，也可以是绝对路径，但在真正的网站开发中，对于图片或引用文件的路径，都是使用相对路径的。

相对路径使用的特殊符号有以下 3 种：

（1）"./"：代表目前所在的目录（可以省略不写）。
（2）"../"：代表上一层目录。
（3）以 "/" 开头：代表根目录。

2. img 标签 alt 属性

alt 属性用于设置图片的描述信息，这些信息是给搜索引擎看的。在搜索引擎优化 SEO 中，alt 属性也是一个非常重要的属性。其结构如下：

```
<img src=" 图片地址" alt=" 图片描述（给搜索引擎看）">
```

3. img 标签 title 属性

title 属性用于设置鼠标移到图片上的提示文字，这些提示文字是给用户看的。其结构如下：

```
<img src=" 图片地址" alt=" 图片描述（给搜索引擎看）" title=" 图片描述（给用户看）">
```

【例 2-6】使用相对路径插入图像实例，文件结构及代码如图 2-8 所示（示例文件 2-6.html）。

相对路径的学习

图 2-8　文件结构及代码

在浏览器中预览效果如图 2-9 所示。

图 2-9　使用相对路径插入图像实例

2.3　项目实施

2.3.1　图文混排的 HTML 5 网页

通过此项目学习了 HTML 5 网页中文本、图形、列表等标签元素，下面通过制作一个图文并茂的 HTML 5 网页来应用这些网页元素，效果如图 2-10 所示。

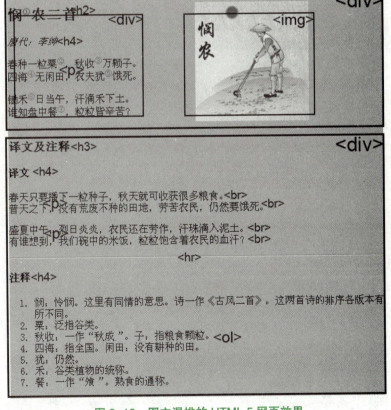

图 2-10　图文混排的 HTML 5 网页效果

结构分析

从图 2-10 中可以看出,网页的主体部分是由上、下两个 <div> 标签组成。上面 <div> 部分嵌套了一个 <div> 和 <img> 标签,右边是 <img>,左边是 <div>;下面 <div> 部分由两个 <p> 标签、一个 <hr> 标签和一个 <ol> 有序列表标签组成。

具体操作步骤如下。

(1)启动 Sublime 程序,执行"文件"菜单中的"新建"命令或使用 Ctrl + N 组合键新建一个文件,执行"文件"菜单中的"保存"命令或使用 Ctrl + S 组合键保存文件名称为"2-7.html"。

(2)输入"!",按 Tab 键就会按照 HTML 5 规范自动创建如下代码。

```
<!DOCTYPE html>
<html lang="en">
<head>
    <meta charset="UTF-8">
    <title>Document</title>
</head>
<body>

</body>
</html>
```

(3)修改 <title> 网页标题、添加主体内容、设置区块浮动,代码如下:

```
1    <!DOCTYPE html>
2    <html lang="en">
3    <head>
4        <meta charset="UTF-8">
5        <title>悯农二首</title>
6        <style>
7            div{width:600px;background:silver;overflow:hidden;}
8            .fl{width:300px;float:left;}
9            img{width:180px;float:left;}
10           sup{font-size:12px;color:red;}
11       </style>
12   </head>
13   <body>
14       <div>
15           <div class="fl">
16               <h2>悯<sup>①</sup>农二首</h2>
17               <i>唐代:李绅</i>
18               <p>
19               春种一粒粟<sup>②</sup>,秋收<sup>③</sup>万颗子。<br>
20               四海<sup>④</sup>无闲田,农夫犹<sup>⑤</sup>饿死。<br>
```

```
21                </p>
22                <p>
23                    锄禾 <sup>⑥</sup> 日当午，汗滴禾下土。<br>
24                    谁知盘中餐 <sup>⑦</sup> ，粒粒皆辛苦？<br>
25                </p>
26            </div>
27            <p><img src="images/minnong.jpg" alt=" 悯农图片 "></p>
28        </div>
29        <div>
30            <h3> 译文及注释 </h3>
31            <h4> 译文 </h4>
32            <p>
33                春天只要播下一粒种子，秋天就可收获很多粮食。<br>
34                普天之下，没有荒废不种的田地，劳苦农民，仍然要饿死。<br>
35            </p>
36            <p>
37                盛夏中午，烈日炎炎，农民还在劳作，汗珠滴入泥土。<br>
38                有谁想到，我们碗中的米饭，粒粒饱含着农民的血汗？<br>
39            </p>
40            <hr>
41            <h4> 注释 </h4>
42            <p>
43                <ol>
44                    <li>悯：怜悯。这里有同情的意思。诗一作《古风二首》。这两首诗的排序各版本有所不同。</li>
45                    <li>粟：泛指谷类。</li>
46                    <li>秋收：一作"秋成"。子：指粮食颗粒。</li>
47                    <li>四海：指全国。闲田：没有耕种的田。</li>
48                    <li>犹：仍然。</li>
49                    <li>禾：谷类植物的统称。</li>
50                    <li>餐：一作"飧"。熟食的通称。</li>
51                </ol>
52            </p>
53        </div>
54    </body>
55 </html>
```

（4）再次执行"文件"菜单中的"保存"命令或使用 Ctrl + S 组合键保存文件。

（5）在页面中右击，从弹出的快捷菜单中选择"在浏览器中打开"命令，效果如图 2-11 所示。

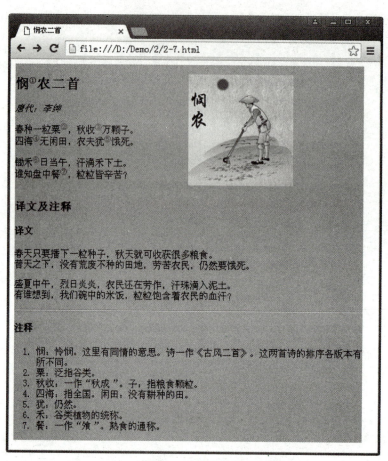

图 2-11 预览效果

实例解析

以上代码第 6~11 行是内嵌样式的 CSS 代码，其中的 div、img、sup 是 CSS 3 常用选择器的一种标签选择器，第 8 行的 .fl 是 CSS 3 常用选择器的一种 class 选择器。

第 7 行设置 div 区块的宽度为 600px、背景颜色为 silver（银色）、overflow（此属性规定当内容溢出元素框时发生的事情）为 hidden。

第 8、9 行为了将上半部分 div 区块嵌套的 <div> 标签和 <img> 标签在一行显示，分别设置 .fl 和 img 的宽度为 300px、180px 和浮动方式为 left。

第 10 行设置了上标标签 <sup> 文字的大小为 12px、字体颜色为 red。

2.3.2 图文并茂的商品列表网页

创建一个图文并茂的商品列表网页，具体操作步骤如下：

（1）用 Sublime 编辑器创建一个文件，保存名称为 2-8.html。

（2）输入"!"，按 Tab 键就会按照 HTML 5 规范自动创建代码，输入主体内容、设置标签元素的 CSS 样式，代码如下：

```
1  <!DOCTYPE html>
2  <html lang="en">
3  <head>
```

图文混排的 html 5 网页

```
4     <meta charset="UTF-8">
5     <title>图文并茂的商品列表</title>
6     <style>
7         li{float:left;list-style:none;margin-left:10px;text-align:center;}
8         li img{width:150px;height:150px;}
9         a{text-decoration:none;font-size:14px;}
10    </style>
11 </head>
12 <body>
13    <div>
14       <ul>
15          <li>
16             <img src="images/1.jpg" alt="">
17             <h4><a href=""> 智能手机防尘塞 </a></h4>
18          </li>
19          <li>
20             <img src="images/2.jpg" alt="">
21             <h4><a href=""> 智能手机防尘塞 </a></h4>
22          </li>
23          <li>
24             <img src="images/3.jpg" alt="">
25             <h4><a href=""> 智能手机防尘塞 </a></h4>
26          </li>
27          <li>
28             <img src="images/4.jpg" alt="">
29             <h4><a href=""> 智能手机防尘塞 </a></h4>
30          </li>
31       </ul>
32    </div>
33    <div style="clear:both;"></div>
34    <div>
35       <ul>
36          <li>
37             <img src="images/5.jpg" alt="">
38             <h4><a href=""> 智能手机防尘塞 </a></h4>
39          </li>
40          <li>
41             <img src="images/6.jpg" alt="">
42             <h4><a href=""> 智能手机防尘塞 </a></h4>
43          </li>
44          <li>
```

```
45                    <img src="images/7.jpg" alt="">
46                    <h4><a href="">智能手机防尘塞</a></h4>
47                </li>
48                <li>
49                    <img src="images/8.jpg" alt="">
50                    <h4><a href="">智能手机防尘塞</a></h4>
51                </li>
52            </ul>
53        </div>
54    </body>
55 </html>
```

（3）保存网页，在 Chrome 浏览器预览，效果如图 2-12 所示。

图文并茂的商品列表网页

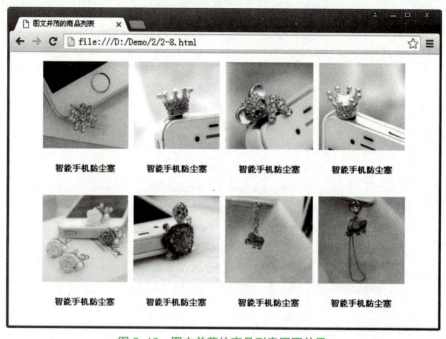

图 2-12　图文并茂的商品列表网页效果

实例解析

以上代码第 6~10 行是内嵌样式的 CSS 代码，其中 li、img、a 都是 CSS 3 常用选择器的一种标签选择器。其中 <a> 标签定义超链接，用于从一张页面链接到另一张页面。

第 7 行设置 <li> 标签的浮动方式（float）为 left、列表样式（list-style）为 none、左边距（margin-left）为 10px、内容对齐（text-align）方式为 center。

第 8 行为了统一图片大小，设置 <li> 下的 <img> 标签的宽度（width）和高度（height）均为 150px。

第 9 行设置 <a> 标签的 text-decoration（此属性规定添加到文本的修饰）为 none，是为了去掉 a 超链接标签的默认下划线。

第 33 行是 CSS 行内样式，使用"style=" 属性 : 值 ;""的方式定义本行中 <div> 标签的 clear 属性（规定元素的哪一侧不允许其他浮动元素）为 both，是为了清除上面 <li> 标签 float

属性的 left 值。

2.4 项目拓展

对项目实施中的实例进行修改，给网页添加背景、给 div 区块设置边框、鼠标移动到超链接上的样式变化，制作如图 2-13 所示的网页效果。

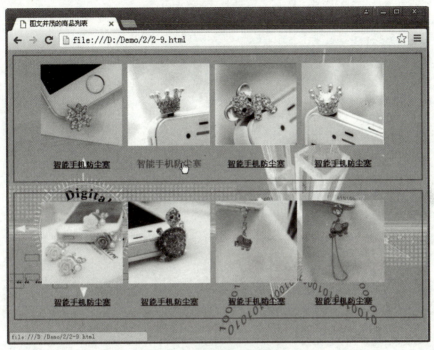

图 2-13 添加其他网页效果

具体操作步骤如下。

（1）用 Sublime 编辑器打开文件（Ctrl + O 组合键）2-8.html，另存为（Ctrl + Shift + S 组合键）2-9.html。

（2）设置网页背景、设置 div 块的边框和鼠标的 hover 属性。代码如下：

```
1   <!DOCTYPE html>
2   <html lang="en">
3   <head>
4       <meta charset="UTF-8">
5       <title>图文并茂的商品列表</title>
6       <style>
7           div{width:750px;height:230px;border:2px solid red;overflow:hidden;}
8           li{float:left;list-style:none;margin-left:10px;text-align:center;}
9           li img{width:150px;height:150px;}
10          a{font-size:14px;}
11          a:hover{text-decoration:none;font-size:16px;color:red;}
12      </style>
```

```html
13  </head>
14  <body background="images/bg.jpg">
15      <div>
16          <ul>
17              <li>
18                  <img src="images/1.jpg" alt="">
19                  <h4><a href=""> 智能手机防尘塞 </a></h4>
20              </li>
21              <li>
22                  <img src="images/2.jpg" alt="">
23                  <h4><a href=""> 智能手机防尘塞 </a></h4>
24              </li>
25              <li>
26                  <img src="images/3.jpg" alt="">
27                  <h4><a href=""> 智能手机防尘塞 </a></h4>
28              </li>
29              <li>
30                  <img src="images/4.jpg" alt="">
31                  <h4><a href=""> 智能手机防尘塞 </a></h4>
32              </li>
33          </ul>
34      </div>
35      <br>
36      <div>
37          <ul>
38              <li>
39                  <img src="images/5.jpg" alt="">
40                  <h4><a href=""> 智能手机防尘塞 </a></h4>
41              </li>
42              <li>
43                  <img src="images/6.jpg" alt="">
44                  <h4><a href=""> 智能手机防尘塞 </a></h4>
45              </li>
46              <li>
47                  <img src="images/7.jpg" alt="">
48                  <h4><a href=""> 智能手机防尘塞 </a></h4>
49              </li>
50              <li>
51                  <img src="images/8.jpg" alt="">
52                  <h4><a href=""> 智能手机防尘塞 </a></h4>
53              </li>
```

```
54          </ul>
55       </div>
56 </body>
57 </html>
```

拓展图文并茂的商品列表

实例解析

以上代码第 6~12 行是内嵌样式的 CSS 代码，其中第 11 行中 hover 选择器用于选择鼠标指针浮动在上面时元素的属性。

第 7 行设置了 div 块的宽度为 750px、高度为 230px、边框为 2px 红色实线、overflow 为 hidden。

第 11 行设置鼠标移动到超链接上时文本去掉下划线、字体大小为 16px 并且变为红色。

第 14 行设置网页背景图片。

第 35 行把 2-8.html 文件第 33 行的 <div style="clear:both;"></div> 改为了
，它的清除浮动功能用第 7 行中 overflow 属性的 hidden 值来代替。

2.5 项目小结

本项目通过项目实施和项目拓展制作了图文混排的 HTML 5 网页和两种不同的图文并茂的商品列表网页案例，学习了在网页中添加文本、图像、列表等标签元素内容，掌握了 <p>、<img>、<ul>、<ol>、<div> 等标签的使用方法。

本项目知识点总结如表 2-5 所示。

表 2-5 标签格式总结

标签	格式	说明
<h1>~<h6>	<hn> 标题文字 </hn>（n 为 1,2,3,4,5,6）	标题
<p>	<p> 段落内容 </p>	段落
 	 	换行
<hr>	<hr>	水平线
<div>	<div>…</div>	分割（块元素）
<span>	<span>…</span>	区域（行内元素）
<b>	<b> 标记加粗的内容 </b>	加粗
<strong>	<strong> 标记加粗的内容 </strong>	加粗
<i>	<i> 标记倾斜的内容 </i>	斜体
<em>	<em> 标记倾斜的内容 </em>	斜体
<sup>	^{上标文字}	上标
<sub>	_{下标文字}	下标
<s>	<s> 删除线标记内容 </s>	删除线
<u>	<u> 下划线标记内容 </u>	下划线
<ul>	<ul type="disc,circle,square"> …</ul>	无序列表
<ol>	<ol type="1,A,a,I,i" star=" 开始的序号 "> …</ol>	有序列表
<dl>	<dl><dt> 定义名词 </dt><dd> 定义描述 </dd></dl>	自定义列表
<img>	<img src=" 图片地址 " alt=" 说明文字 " title=" 提示文字 ">	图像

2.6 技能训练

通过测试练习环节，对本项目涉及的英文单词进行重复练习，既可以熟悉 html 标签的单词组合，也可以提高代码输入的速度和正确率。

在浏览器中打开素材中的 Exercise2.html 文件，如图 2-14 所示，单击"开始打字测试"按钮，在文本框输入上面的单词，输入完成后，单击"结束/计算速度"按钮即可显示所用时间、错误数量和输入速度等信息。

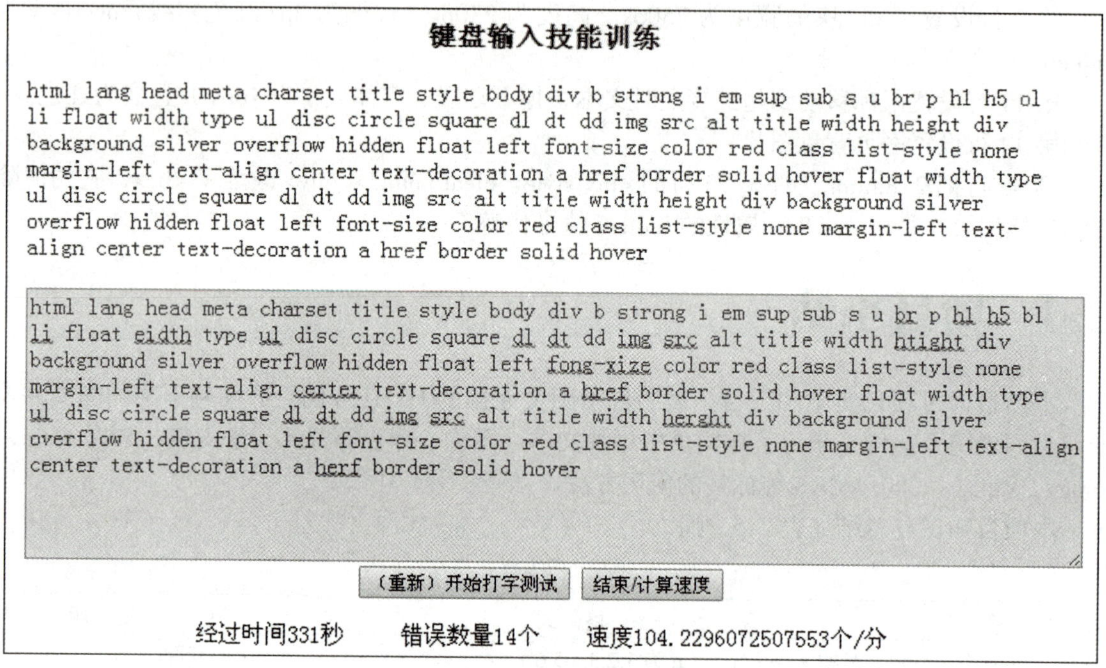

图 2-14　键盘输入技能训练

项目 3

网页中的表格

- ■项目描述
- ■知识准备
- ■项目实施
- ■项目拓展
- ■项目小结
- ■技能训练

3.1 项目描述

通过第一个项目的学习，已经掌握了代码编辑工具的使用和网页的基本构成，本项目学习使用 HTML5 的表格制作毕业生档案和参赛报名表，来学习表格的各类标签。

> **本项目学习要点** ⇨ 1. 表格的基本结构；
> 2. 编辑表格；
> 3. 完整的表格标签；
> 4. CSS 属性设置。

3.2 知识准备

3.2.1 表格基本结构

在 HTML 文档中，使用表格可以清晰地排列数据和布局，但不建议使用表格布局，在 Web2.0 时代，表格定位已经过时了，现在使用的是"DIV+CSS"模式。

表格一般由行、列和单元格组成，如图 3-1 所示。

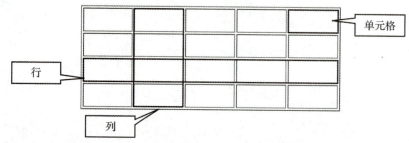

图 3-1 表格基本结构

表格由 <table> 标签来定义。每个表格均有若干行（由 <tr> 标签定义），每行被分割为若干单元格（由 <td> 标签定义）。字母 td 指表格数据（table data），即数据单元格的内容，数据单元格可以包含文本、图片、列表、段落、表单、水平线、表格等。

在 HTML5 中，用于创建表格的标签如表 3-1 所示。

表 3-1 创建表格的标签

标签	说明	注意事项
<table>	用于标记一个表格对象的开始	一个表格中，只允许出现一对 <table></table> 标签
</table>	用于标记一个表格对象的结束	
<tr>	用于标记表格一行的开始	表格内有多少对 <tr></tr> 标签，就表示有多少行
</tr>	用于标记表格一行的结束	
<td>	用于标记表格某行中的一个单元格的开始	<td></td> 标签应写在 <tr></tr> 标签内，一对 <tr></tr> 标签内有多少对 <td></td> 标签，就表示有多少个单元格
</td>	用于标记表格某行中的一个单元格的结束	

在 Sublime 中创建表格的快速输入方法是输入"table"后按 Tab 键可以生成一对 <table></table> 标签,但不能构成一个有行有列的表格,最基本的表格必须包含一对 <table></table> 标签、一对或几对 <tr></tr> 标签及一对或几对 <td></td> 标签。例如,在 Sublime 编辑器中输入"table>tr*2>td*2"后按 Tab 键可以生成一个 2 行 2 列的表格代码,如图 3-2 所示。

在表格中输入如图 3-3 所示内容后保存,在浏览器中显示出来,如图 3-4 所示。

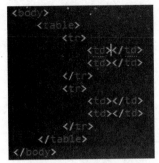
图 3-2 表格代码

图 3-3 所输入的内容

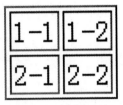
图 3-4 浏览效果

从预览图中可以发现,表格的行高和列宽会根据表格内容发生变化,如果想控制表格的行高和列宽,需要在 <tr> 和 <td> 标签中用 width 和 height 来定义行高和列宽。

【例 3-1】创建一个 4 行 3 列的表格,代码如下所示(示例文件 3-1.html)。

```
1   <!DOCTYPE html>
2   <html lang="en">
3   <head>
4       <meta charset="UTF-8">
5       <title>定义一个4行3列的表格</title>
6   </head>
7   <body>
8       <table border="1" cellpadding="0" cellspacing="0">
9           <caption>图书统计表</caption>
10          <tr height="40px">
11              <td width="50px">序号</td>
12              <td width="300px">名称</td>
13              <td width="200px">出版社</td>
14          </tr>
15          <tr height="40px">
16              <td>1</td>
17              <td>前端设计案例教程</td>
18              <td>北京理工大学出版社</td>
19          </tr>
20          <tr height="40px">
21              <td>2</td>
22              <td>Photoshop CS5 图像处理项目教程</td>
23              <td>北京理工大学出版社</td>
24          </tr>
```

```
25          <tr height="40px">
26              <td>3</td>
27              <td>计算机应用基础</td>
28              <td>北京理工大学出版社</td>
29          </tr>
30      </table>
31  </body>
32  </html>
```

在 Chrome 浏览器中预览，效果如图 3-5 所示。

图书统计表		
序号	名称	出版社
1	Web前端设计基础	北京理工大学出版社
2	Photoshop CS5图像处理项目教程	北京理工大学出版社
3	计算机应用基础	北京理工大学出版社

图 3-5　预览 4 行 3 列表格效果

实例解析

第 8 行代码中的 border 用来设置表格边框，默认情况下表格是没有边框的，加入边框是让读者更清楚地看到表格结构，如值为 0 则表格无边框，如值为 1 表格边框为 1 像素；cellpadding 用来设置单元格内容与其边框之间的距离；cellspacing 用来设置单元格之间的距离。

第 9 行代码中的 height 用来设置表格行的高度。

第 10 行代码中的 width 用来设置单元格的宽度。

表格一般都有一个标题，表格标题使用 <caption> 标签，表格的标题一般位于整个表格的第 1 行，一个表格只能含有一个表格标题。

为了清楚地表示表格中数据类别，需要使用表格的表头。表头 <th> 是 <td> 单元格的一种变体，它的本质还是一种单元格，一般位于第一行或列，用来表明这一行或列的内容类别。表头有一种默认样式，浏览器会以粗体和居中的样式显示 <th> 元素中的内容。

<th> 标签和 <td> 标签在本质上都是单元格，但是不能互换使用，两者根本区别在于语义上。th（table header）为表头单元格，td（table data cell）为单元格。对于表头，可以用 td 标签代替 th 标签，但是不建议这样做。

【例 3-2】创建一个带有标题和表头的表格（示例文件 3-2.html）。

```
1   <!DOCTYPE html>
2   <html lang="en">
3   <head>
4       <meta charset="UTF-8">
5       <title>带有标题和表头的表格</title>
6   </head>
7   <body>
8       <table border="1" cellspacing="0" cellpadding="0">
9           <caption>销量表</caption>
```

```
10              <tr height="30px">
11                  <th width="75px">销量</th>
12                  <th width="75px">一季度</th>
13                  <th width="75px">二季度</th>
14                  <th width="75px">三季度</th>
15              </tr>
16              <tr height="30px">
17                  <th>华北</th>
18                  <td>65</td>
19                  <td>78</td>
20                  <td>68</td>
21              </tr>
22              <tr height="30px">
23                  <th>西北</th>
24                  <td>98</td>
25                  <td>97</td>
26                  <td>92</td>
27              </tr>
28              <tr height="30px">
29                  <th>华南</th>
30                  <td>100</td>
31                  <td>95</td>
32                  <td>93</td>
33              </tr>
34          </table>
35      </body>
36 </html>
```

在 Chrome 浏览器中预览，效果如图 3-6 所示。

销量表

销量	一季度	二季度	三季度
华北	65	78	68
西北	98	97	92
华南	100	95	93

图 3-6 预览带有标题和表头表格效果

3.2.2 编辑表格

1. 合并单元格

在实际应用中并非所有的表格都是规范的几行几列，而是需要将某些单元格进行合并，以符合某种内容上的需求。在 HTML 中合并的方向有两种，一种是上下合并，一种是左右合并，这两种合并只需要使用 td 标签的 colspan 和 rowspan 两个属性即可。

要合并左右单元格使用 td 标签的 colspan 属性来实现，格式如下：

```
<td colspan=" 数值 ">单元格内容</td>
```

其中 colspan 属性的取值为数值型整数数据，代表几个单元格进行左右合并。

要合并上下单元格使用 td 标签的 rowspan 属性来实现，格式如下：

```
<td rowspan=" 数值 ">单元格内容</td>
```

其中 rowspan 属性的取值为数值型整数数据，代表几个单元格进行上下合并。

【例 3-3】创建如图 3-7 所示的参赛报名表（示例文件 3-3.html）。

参赛报名表

姓　　名		性别		出生年月	
学　　校		班级			
参赛项目	征文大赛	◉ 中学组 ◉ 小学组			
	绘画大赛	◉ 中学组 ◉ 小学组			
创作说明					

图 3-7　参赛报名表效果

图 3-7 中的 "姓名" "学校" "班级" "创作说明" 后的单元格进行了左右合并，使用了 colspan；"参赛项目" 单元格进行了上下合并，使用了 rowspan。

输入如下代码：

```
1  <!DOCTYPE html>
2  <html lang="en">
3  <head>
4      <meta charset="UTF-8">
5      <title>报名表</title>
6  </head>
7  <body>
8      <table border="1" cellpadding="0" cellspacing="0">
9          <caption><h3>参赛报名表</h3></caption>
10         <tr height="40px">
11             <th width="100px">姓      名</th>
12             <td colspan="2" width="200px"></td>
13             <th width="50px">性别</th>
14             <td width="50px"></td>
15             <th width="100px">出生年月</th>
16             <td width="150px"></td>
17         </tr>
```

48

```
18              <tr height="40px">
19                      <th>学      校 </th>
20                      <td colspan="2"></td>
21                      <th> 班级 </th>
22                      <td colspan="3"></td>
23              </tr>
24              <tr height="40px">
25                      <th rowspan="2"> 参赛项目 </th>
26                      <td width="100px"> 征文大赛 </td>
27                      <td colspan="5"><input type="radio" name="zw"
value="Wzhongxuezu"> 中学组 <input type="radio" name="zw" value="Wxiaoxuezu"> 小
学组 </td><!-- 这行代码使用了单选按钮，属性设置在后面的单元中进行学习 -->
28              </tr>
29              <tr height="40px">
30                      <td width="100px"> 绘画大赛 </td>
31                      <td colspan="5"><input type="radio" name="hh"
value="Hzhongxuezu"> 中学组 <input type="radio" name="hh" value="Hxiaoxuezu"> 小
学组 </td>
32              </tr>
33              <tr height="80px">
34                      <th> 创作说明 </th>
35                      <td colspan="6"></td>
36              </tr>
37          </table>
38      </body>
39 </html>
```

跨行和跨列合并

实例解析

　　合并单元格以后，相应的单元格标签就应该减少，如上面例题中的表格应有 7 列，代码的第 11-16 行，共有 6 个列标签，其中第 12 行列标签中 colspan 的值为 2，说明在此左右合并了两个单元格，减少了 1 个列标签；第 19~22 行的代码中，第 20 行和 22 行分别进行了 2 列和 3 列的左右合并，减少了 3 个列标签。减少的单元格就应该丢掉，否则单元格就会多出来一个，并且后面的单元格依次向右位移。

　　通过上面对左右单元格和上下单元格合并的操作，合并单元格就是减少某些单元格。对于左右合并，就是以左侧为准，将右侧要合并的单元格减少；对于上下合并，就是以上方为准，将下方要合并的单元格减少。

　　如果一个单元格既要向右合并又要向下合并，该如何实现呢？

　　【例 3-4】将上例中的报名表修改为如图 3-8 所示的效果，"参赛项目"单元格既进行了左右合并又进行了上下合并（示例文件 3-4.html）。

参赛报名表

姓　　名		性别		出生年月	
学　　校		班级			
参赛项目	○ 中学组　○ 小学组				
	○ 中学组　○ 小学组				
创作说明					

图 3-8　修改参赛报名表后的效果

修改上例代码的第 24~32 行，如图 3-9 所示。

```
<tr height="40px">
    <th rowspan="2" colspan="2">参赛项目</th>
    <td colspan="5"><input type="radio" name="zw" value="Wzhongxuezu">中学组<input type="radio" name="zw" value="Wxiaoxuezu">小学组</td>
</tr>
<tr height="40px">
    <td colspan="5"><input type="radio" name="hh" value="Hzhongxuezu">中学组<input type="radio" name="hh" value="Hxiaoxuezu">小学组</td>
</tr>
```

图 3-9　修改代码

2. 设置表格、单元格背景

创建好表格后，为了美观还可以设置表格、单元格背景，如为表格、单元格添加背景颜色及定义背景图片等。背景颜色用 bgcolor="颜色" 来表示，设置表格背景颜色时 bgcolor 放在 table 标签中，设置行背景颜色时 bgcolor 放在 tr 标签中，设置单元格背景颜色时放在 td 标签中。

在 HTML 中颜色有 3 种表示方式，最常用的是 6 位十六进制的代码表示法，如 bgcolor=#ff0000，其中 # 表示使用 6 位十六进制的颜色代码声明颜色。代码的头两位表示三原色中的红色，中间两位表示绿色，最后两位表示蓝色，范围是十六进制的 00~ff，00 表示没有颜色，ff 表示颜色最强。所以 000000 表示黑色，ffffff 表示白色，同样 ff0000 表示纯红色，00ff00 表示纯绿色，0000ff 表示纯蓝色。

另外颜色还可以用 rgb（r,g,b）表示，括号中的 r、g、b 分别用 0~255 的十进制数或百分比表示红绿蓝。例如，rgb（255,0,0）及 rgb（100%,0%,0%）都表示红色，在 HTML5 中也使用 rgba 来表示颜色，a 表示前面 rgb 所显示颜色的透明度，取值范围为 0~1，不可为负值，如图 3-10 所示。

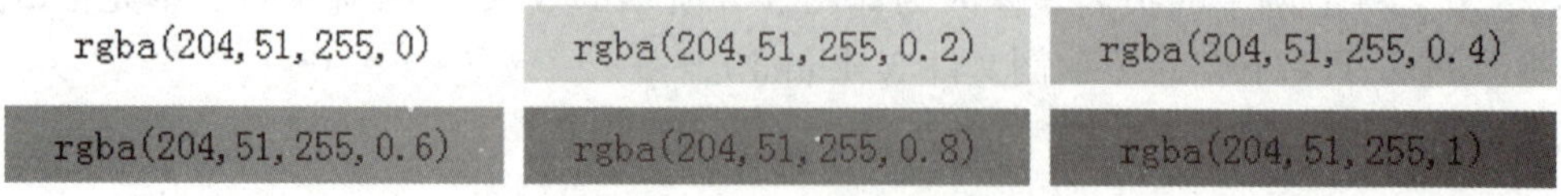

rgba(204,51,255,0)	rgba(204,51,255,0.2)	rgba(204,51,255,0.4)
rgba(204,51,255,0.6)	rgba(204,51,255,0.8)	rgba(204,51,255,1)

图 3-10　用 rgba 表示颜色

颜色的表示还可以用颜色的关键字表示，共16个，如表3-2所示。

表3-2 用颜色的关键字表示颜色

关键字	颜色	十六进制值	关键字	颜色	十六进制值
black	黑色	#000000	silver	银色	#C0C0C0
maroon	深褐色	#800000	red	红色	#FF0000
green	绿色	#008000	lime	酸橙色	#00FF00
olive	橄榄色	#808000	yellow	黄色	#FFFF00
navy	海军蓝	#000080	blue	蓝色	#0000FF
purple	紫色	#800080	fuchsia	品红	#FF00FF
teal	水鸭绿	#008080	aqua	水蓝	#00FFFF
gray	灰色	#808080	white	白色	#FFFFFF

例如，代码bgcolor=red，还可以有以下几种写法：bgcolor=rgb（255,0,0）；bgcolor=rgb（100%,0%,0%）；bgcolor=#ff0000。

【例3-5】设置表格、单元格背景（示例文件3-5.html），效果如图3-11所示。

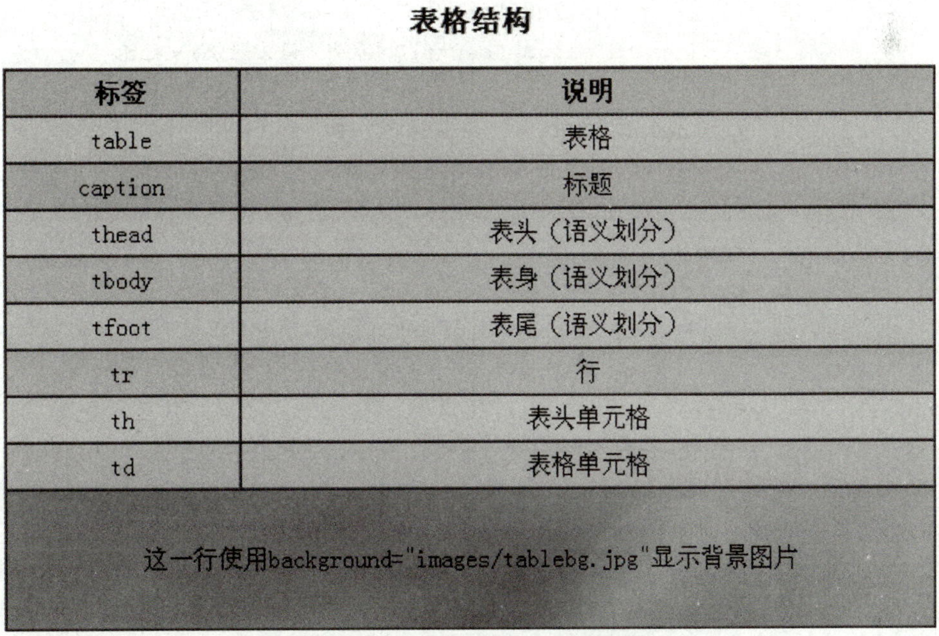

表格结构

标签	说明
table	表格
caption	标题
thead	表头（语义划分）
tbody	表身（语义划分）
tfoot	表尾（语义划分）
tr	行
th	表头单元格
td	表格单元格

这一行使用background="images/tablebg.jpg"显示背景图片

图3-11 设置表格、单元格背景

输入代码如下：

```
1  <!DOCTYPE html>
2  <html lang="en">
3  <head>
4      <meta charset="UTF-8">
5      <title>表格结构</title>
6  </head>
7  <body>
8      <table cellpadding="0" cellspacing="0" border="1" bgcolor="#ccffcc"
```

```
         align="center">
9             <caption><h3> 表格结构 </h3></caption>
10            <tr height="30px" bgcolor="#ffcc66">
11                <th width="150px"> 标签 </th>
12                <th width="450px"> 说明 </th>
13            </tr>
14            <tr height="30px">
15                <td align="center">table</td>
16                <td align="center"> 表格 </td>
17            </tr>
18            <tr height="30px" bgcolor="#ffcc99">
19                <td align="center">caption</td>
20                <td align="center"> 标题 </td>
21            </tr>
22            <tr height="30px">
23                <td align="center">thead</td>
24                <td align="center"> 表头（语义划分）</td>
25            </tr>
26            <tr height="30px" bgcolor="#ffcc99">
27                <td align="center">tbody</td>
28                <td align="center"> 表身（语义划分）</td>
29            </tr>
30            <tr height="30px">
31                <td align="center">tfoot</td>
32                <td align="center"> 表尾（语义划分）</td>
33            </tr>
34            <tr height="30px" bgcolor="#ffcc99">
35                <td align="center">tr</td>
36                <td align="center"> 行 </td>
37            </tr>
38            <tr height="30px">
39                <td align="center">th</td>
40                <td align="center"> 表头单元格 </td>
41            </tr>
42            <tr height="30px" bgcolor="#ffcc99">
43                <td align="center">td</td>
44                <td align="center"> 表格单元格 </td>
45            </tr>
46            <tr height="90px" background="images/tablebg.jpg">
47                <td colspan="2" align="center">
                  这一行使用 background="images/tablebg.jpg" 显示背景图片 </td>
```

```
48              </tr>
49         </table>
50  </body>
51  </html>
```

实例解析

在上面代码中多处使用 bgcolor 属性给表格和单元格设置背景颜色；第 46 行的代码中使用 background 属性来添加行的背景图片，大家可以试试将 background 属性添加到 table 标签中会有什么样的效果。

3.2.3 完整的表格标签

上面学习了表格中最常用最基本的 3 个标签 <table>、<tr> 和 <td>，使用它们可以构建出简单的表格。为了让表格结构更清楚，以及配合后面学习的 CSS 样式，更方便地制作各种样式的表格，表格中还会出现表头、主体、脚注等。

按照表格结构，可以把表格的行分组，称为"行组"。不同的行组具有不同的意义。行组分为表头、主体和脚注三类，三者相应的 HTML 标签依次为 <thead>、<tbody> 和 <tfoot>。

【例 3-6】完整表格标记制作的销量表（3-6.html），效果如图 3-12 所示。

销量表（单位：万元）

销量	一季度	二季度	三季度
华北	66	78	70
西北	98	97	92
华南	100	95	93
总计	88	90	85

图 3-12 完整表格标记的成绩表效果

输入代码如下：

```
1   <table border="1" cellspacing="0" cellpadding="0">
2        <caption><h3>销量表（单位：万元）</h3></caption>
3        <thead>
4             <tr height="30px">
5                  <th width="75px"> 销量 </th>
6                  <th width="75px"> 一季度 </th>
7                  <th width="75px"> 二季度 </th>
8                  <th width="75px"> 三季度 </th>
9             </tr>
10       </thead>
11       <tfoot>
12            <tr height="30px">
13                 <th> 总计 </th>
14                 <td>88</td>
```

```
15                         <td>90</td>
16                         <td>85</td>
17                    </tr>
18               </tfoot>
19               <tbody align="center">
20                    <tr height="30px">
21                         <th> 华北 </th>
22                         <td>66</td>
23                         <td>78</td>
24                         <td>70</td>
25                    </tr>
26                    <tr height="30px">
27                         <th> 西北 </th>
28                         <td>98</td>
29                         <td>97</td>
30                         <td>92</td>
31                    </tr>
32                    <tr height="30px">
33                         <th> 华南 </th>
34                         <td>100</td>
35                         <td>95</td>
36                         <td>93</td>
37                    </tr>
38               </tbody>
39          </table>
```

销量表

实例解析

在上面的代码中，第 11~18 行是 <tfoot></tfoot> 代码的内容，虽然把这段代码放在了表格第一行（表头行）的后面，但是最终显示效果还是将 <tfoot></tfoot> 代码的内容显示在了 <tbody> 标签下面。

代码的第 19 行，给 <tbody> 标签添加了 align 属性，整个 <tbody> 中的内容就居中了。

在 HTML 文档中增加 <thead>、<tbody> 和 <tfoot> 标签，虽然从外观上不能看出任何变化，但是它们却使文档的结构更加清晰。使用 <thead>、<tbody> 和 <tfoot> 标签除了使文档更加清晰外，还有一个更重要的意义，就是方便使用 CSS 样式对表格的各个部分进行修饰，从而制作出更炫的表格。

3.3　项目实施

制作毕业生档案，利用所学的表格知识，制作如图 3-13 所示的毕业生档案。

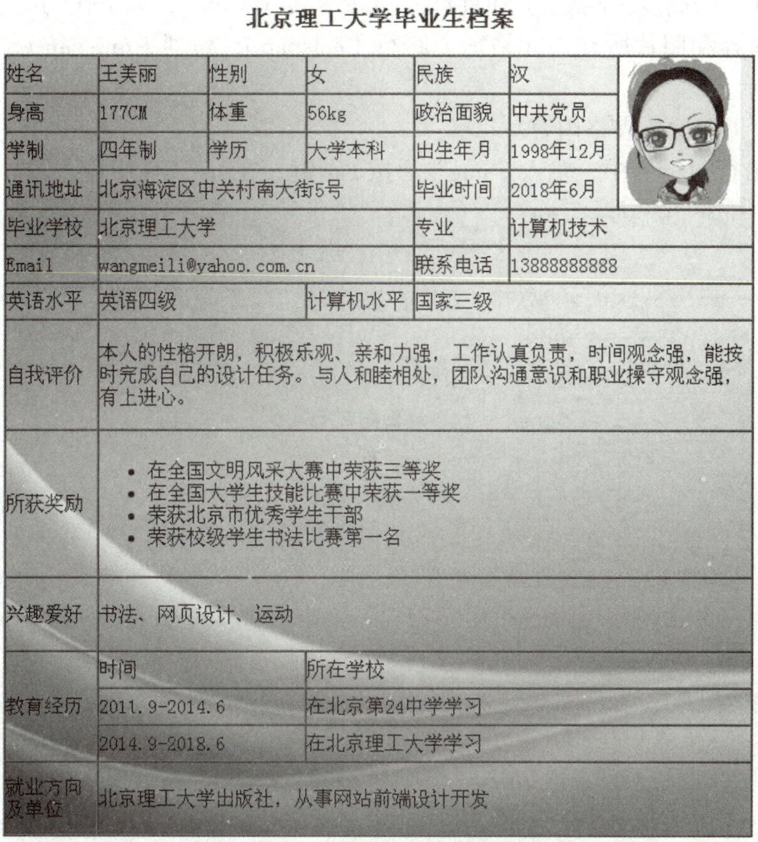

项目 3　网页中的表格

北京理工大学毕业生档案

姓名	王美丽	性别	女	民族	汉	
身高	177CM	体重	56kg	政治面貌	中共党员	
学制	四年制	学历	大学本科	出生年月	1998年12月	
通讯地址	北京海淀区中关村南大街5号			毕业时间	2018年6月	
毕业学校	北京理工大学			专业	计算机技术	
Email	wangmeili@yahoo.com.cn			联系电话	13888888888	
英语水平	英语四级		计算机水平	国家三级		
自我评价	本人的性格开朗、积极乐观、亲和力强，工作认真负责，时间观念强，能按时完成自己的设计任务。与人和睦相处，团队沟通意识和职业操守观念强，有上进心。					
所获奖励	• 在全国文明风采大赛中荣获三等奖 • 在全国大学生技能比赛中荣获一等奖 • 荣获北京市优秀学生干部 • 荣获校级学生书法比赛第一名					
兴趣爱好	书法、网页设计、运动					
教育经历	时间	所在学校				
	2011.9-2014.6	在北京第24中学学习				
	2014.9-2018.6	在北京理工大学学习				
就业方向及单位	北京理工大学出版社，从事网站前端设计开发					

图 3-13　制作毕业生档案效果

具体操作步骤如下：

（1）打开 Sublime 编辑器，新建一个文件，保存文件名为"3-7.html"。

（2）输入"！"或者"html:5"，按 Tab 键，会自动完成 html 基本代码填充，更改 head 标签中的 title 标签的内容为"北京理工大学毕业生档案"。

```
1  <!DOCTYPE html>
2  <html lang="en">
3  <head>
4      <meta charset="UTF-8">
5      <title>北京理工大学毕业生档案</title>
6  </head>
7  <body>
8
9  </body>
10 </html>
```

（3）在 body 标签中，输入"table>tr*5>td*7"后按 Tab 键，插入一个 5 行 7 列的表格。

（4）设置 table 属性为：单元格边距（cellpadding="0"）；单元格间距（cellspacing="0"）；表格边框（border="1px"）;背景图片（background="images\grjlbg.jpg"），如下代码第 1 行所示。

（5）输入"北京理工大学毕业生档案"标题（使用 h3 标题），如下代码第 2 行所示。

（6）设置行 tr 的高度（height）和首行列 td 的宽度（width），如下代码所示。

（7）住址内容和照片所在单元格需要跨行（colspan）、跨列（rowspan）合并，如下代码第 10、30 行所示。

（8）按照效果图输入表格内容。

（9）在第 10 行 td 标签中，输入 "img" 后按 Tab 键，在 src 属性中输入图片的路径和名称。

```
 1  <table cellpadding="0" cellspacing="0" border="1px" background="images\grjlbg.jpg">
 2          <caption><h3>北京理工大学毕业生档案</h3></caption>
 3          <tr height="30px">
 4                  <td width="70px">姓名 </td>
 5                  <td width="80px">王美丽 </td>
 6                  <td width="70px">性别 </td>
 7                  <td width="80px">女 </td>
 8                  <td width="70px">民族 </td>
 9                  <td width="80px">汉 </td>
10                  <td width="100px" rowspan="4"><img src="images\wangmeili.jpg" alt="照片" width="100px" height=120px></td>
11          </tr>
12          <tr height="30px">
13                  <td>身高 </td>
14                  <td>177cm</td>
15                  <td>体重 </td>
16                  <td>56kg</td>
17                  <td>政治面貌 </td>
18                  <td>中共党员 </td>
19          </tr>
20          <tr height="30px">
21                  <td>学制 </td>
22                  <td>四年制 </td>
23                  <td>学历 </td>
24                  <td>大学本科 </td>
25                  <td>出生年月 </td>
26                  <td>1998 年 12 月 </td>
27          </tr>
28          <tr height="30px">
29                  <td>通讯地址 </td>
30                  <td colspan="3">北京海淀区中关村南大街 5 号 </td>
31                  <td>毕业时间 </td>
32                  <td>2018 年 6 月 </td>
33          </tr>
34          <tr height="30px">
```

```
35              <td>毕业学校</td>
36              <td colspan="3">北京理工大学</td>
37              <td>专业</td>
38              <td colspan="2">计算机技术</td>
39         </tr>
40         <tr height="30px">
41              <td>Email</td>
42              <td colspan="3">wangmeili@yahoo.com.cn</td>
43              <td>联系电话</td>
44              <td colspan="2">13888888888</td>
45         </tr>
46         <tr height="30px">
47              <td width="70px">英语水平</td>
48              <td colspan="2" width="200px">英语四级</td>
49              <td width="">计算机水平</td>
50              <td colspan="3">国家三级</td>
51         </tr>
52         <tr height="90px">
53              <td>自我评价</td>
54              <td colspan="6" width="540">
55                  <p>本人的性格开朗，积极乐观、亲和力强，工作认真负责，时间观念强，能按时完成自己的设计任务。与人和睦相处，团队沟通意识和职业操守观念强，有上进心。</p>
56              </td>
57         </tr>
58         <tr height="120px">
59              <td>所获奖励</td>
60              <td colspan="6">
61                  <ul>
62                      <li>在全国文明风采大赛中荣获三等奖</li>
63                      <li>在省学生技能比赛中荣获一等奖</li>
64                      <li>荣获市级优秀学生干部</li>
65                      <li>荣获校级学生书法比赛第一名</li>
66                  </ul>
67              </td>
68         </tr>
69         <tr height="60px">
70              <td>兴趣爱好</td>
71              <td colspan="6" width="540px">
72                  <p>书法、网页设计、运动</p>
73              </td>
74         </tr>
```

```
75        <tr height="30px">
76            <td rowspan="3">教育经历 </td>
77            <td colspan="2">时间 </td>
78            <td colspan="4">所在学校 </td>
79        </tr>
80        <tr height="30px">
81            <td colspan="2">2011.9-2014.6</td>
82            <td colspan="4">在北京第 24 中学学习 </td>
83        </tr>
84        <tr height="30px">
85            <td colspan="2">2014.9-2018.6</td>
86            <td colspan="4">在北京理工大学学习 </td>
87        </tr>
88        <tr height="60px">
89            <td>求职意向 </td>
90            <td colspan="6">北京理工大学出版社，从事网站前端设计开发 </td>
91        </tr>
92  </table>
```

制作毕业生档案

3.4 项目拓展

通过项目实施，表格基本结构已经掌握，但对表格中内容的格式设置还未涉及，此项目拓展是在巩固前面所学知识的基础上，结合简单 CSS 样式对文本的字体、字号、颜色等样式进行设置，制作如图 3-14 所示的参赛报名表。

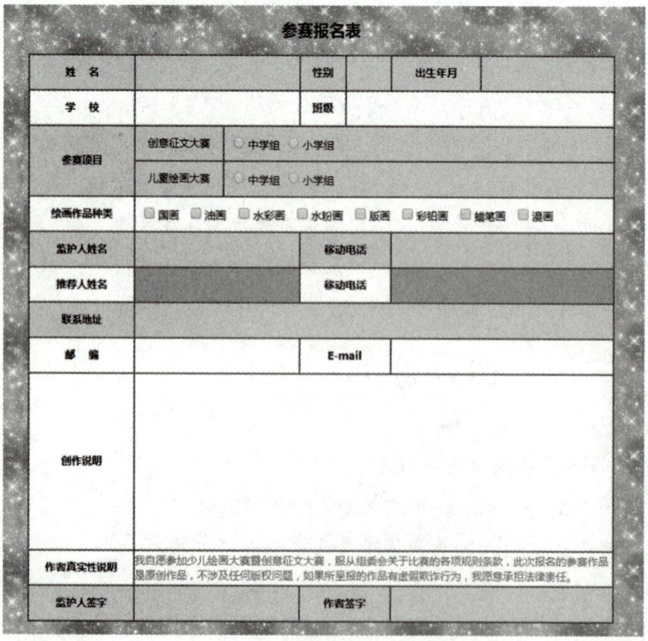

图 3-14 制作参赛报名表效果

具体操作步骤如下。

（1）分析需求。首先要创建一个表格，观察上图完成单元格行列的合并、单元格背景颜色的设置、单元格文字对齐方式设置等。

（2）新建 html 网页文件，保存文件，输入"！"按 Tab 键，修改 title 标签内容为"报名表"。

```
1  <!DOCTYPE html>
2  <html lang="en">
3  <head>
4      <meta charset="UTF-8">
5      <title>报名表</title>
6  </head>
7  <body>
8  
9  </body>
10 </html>
```

（3）在 body 中创建 table 表格，输入"table>tr*12>td*7"按 Tab 键，按图 3-14 布局合并单元格，输入内容，代码如下：

```
1  <center>
2      <table border="1" cellpadding="0" cellspacing="0" width="670px" bgcolor="#ffffff">
3          <caption><h2>参赛报名表</h2></caption>
4          <tr height="40px" class="qianlv">
5              <th width="120px">姓      名</th>
6              <td colspan="2" width="200px"></td>
7              <th width="50px">性别</th>
8              <td width="50px"></td>
9              <th width="100px">出生年月</th>
10             <td width="150px"></td>
11         </tr>
12         <tr height="40px">
13             <th>学      校</th>
14             <td colspan="2"></td>
15             <th>班级</th>
16             <td colspan="3"></td>
17         </tr>
18         <tr height="40px" class="qianlv">
19             <th rowspan="2">参赛项目</th>
20             <td width="100px" class="juz">创意征文大赛</td>
21             <td colspan="5"><input type="radio" name="zw" value="Wzhongxuezu">中学组<input type="radio" name="zw" value="Wxiaoxuezu">小学组</td>
```

```
22            </tr>
23            <tr height="40px" class="qianlv">
24                <td width="100px" class="juz">儿童绘画大赛 </td>
25                <td colspan="5"><input type="radio" name="hh" value="Hzhongxuezu">中学组<input type="radio" name="hh" value="Hxiaoxuezu">小学组</td>
26            </tr>
27            <tr height="40px">
28                <th>绘画作品种类 </th>
29                <td colspan="6">
30                <input type="checkbox" name="item" value="item1">国画
31                <input type="checkbox" name="item" value="item2">油画
32                <input type="checkbox" name="item" value="item3">水彩画
33                <input type="checkbox" name="item" value="item4">水粉画
34                <input type="checkbox" name="item" value="item5">版画
35                <input type="checkbox" name="item" value="item6">彩铅画
36                <input type="checkbox" name="item" value="item7">蜡笔画
37                <input type="checkbox" name="item" value="item8">漫画
38                </td>
39            </tr>
40            <tr height="40px" class="qianlv">
41                <th>监护人姓名 </th>
42                <td colspan="2"></td>
43                <th colspan="2">移动电话 </th>
44                <td colspan="2"></td>
45            </tr>
46            <tr height="40px">
47                <th>推荐人姓名 </th>
48                <td colspan="2"></td>
49                <th colspan="2">移动电话 </th>
50                <td colspan="2"></td>
51            </tr>
52            <tr height="40px" class="qianlv">
53                <th>联系地址 </th>
54                <td colspan="6"></td>
55            </tr>
56            <tr height="40px">
57                <th>邮    编 </th>
58                <td colspan="2"></td>
59                <th colspan="2">E-mail</th>
60                <td colspan="2"></td>
```

```
61        </tr>
62        <tr height="200px">
63            <th> 创作说明 </th>
64            <td colspan="6"></td>
65        </tr>
66        <tr height="40px">
67            <th> 作者真实性说明 </th>
68            <td colspan="6" class="shengming">我自愿参加少儿绘画大赛暨创意征文大赛，
服从组委会关于比赛的各项规则条款，此次报名的参赛作品是原创作品，不涉及任何版权问题，如果所呈
报的作品有虚假欺诈行为，我愿意承担法律责任。</td>
69        </tr>
70        <tr height="40px" class="qianlv">
71            <th> 监护人签字 </th>
72            <td colspan="2"></td>
73            <th colspan="2"> 作者签字 </th>
74            <td colspan="2"></td>
75        </tr>
76    </table>
77 </center>
```

实例解析

以上代码第 21 行和第 25 行使用了单选按钮表单元素，第 30~37 行使用了复选框表单元素。单选按钮主要是让网页浏览者在一组选项中只能选择一个，代码格式如下：

`<input type="radio" name=" value=">`

其中，type="radio" 定义单选按钮，name 属性定义单选按钮的名称，单选按钮都是以组为单位使用的，在同一组中的单选按钮都必须用同一个名称；value 属性定义单选按钮的值，在同一组中，它们的域值必须是不同的。

复选框主要是让网页浏览者在一组选项中可以同时选择多个选项，每个复选框都是独立的元素，都必须有一个唯一的名称。代码格式如下：

`<input type="checkbox" name=" value=">`

其中，type="checkbox" 定义复选框，name 属性定义复选框的名称，在同一组中的复选框都必须用同一个名称；value 属性定义复选框的值。

单选按钮和复选框都是表单元素，类似的形式还有很多，常见的有文本框、密码框、按钮等，它们的定义形式是由 type 的值来决定的，如表 3-3 所示。

表 3-3 常用的表单元素

type 值	含 义
type="text"	单行文本输入框
type="textarea"	多行文本输入框
type="password"	密码域

续表

type 值	含义
type="radio"	单选按钮
type="checkbox"	复选框
type="button"	普通按钮
type="submit"	提交按钮
type="reset"	重置按钮

（4）设置 CSS 内嵌样式，在 head 标签中加入 CSS 代码如下：

```
1  <style>
2         body{font-family:微软雅黑;font-size:12px;background-image:url(images/webbg.gif);}
3         .juz{text-align:center;}
4         input{margin-left:10px;}
5         .shengming{color:red;}
6         .qianlv{background-color:#ccddff;}
7         tr:hover td{background-color:#ff9900;}
8  </style>
```

实例解析

第 1 行和第 8 行是 CSS 代码开始和结尾的声明标签。

第 2 行设置网页文本的字体、字号和背景图片。

第 3 行设置文本的对齐方式为居中，它使用在步骤（3）的代码中，如第 20 行的代码"<td width="100px" class="juz"> 创意征文大赛 </td>"、第 24 行的代码"<td width="100px" class="juz"> 儿童绘画大赛 </td>"。

第 4 行设置每个表单元素的左边距。

第 5 行设置"作者真实性说明"的内容"我自愿……法律责任"的文本颜色。

第 6 行设置行的背景颜色，它使用在步骤（3）中的多行代码中，如第 4 行代码"<tr height="40px" class="qianlv">"。

第 7 行设置当鼠标指针移到哪一行，那一行显示的颜色。

3.5　项目小结

本项目通过项目实施和项目拓展制作了求职简历和带有 CSS 样式的参赛报名表两个案例，学习了 HTML 中表格的基本结构、编辑表格和完整的表格标签，掌握了创建表格、单元格的左右、上下合并、表格和单元格的背景颜色及简单的 CSS 代码等知识和编辑器快速输入技巧。

本项目知识点总结如表 3-4 所示。

表 3-4　表格基本知识总结

知识点		内　容
基本结构		\<table\>、\<tr\> 和 \<td\> 是 HTML 表格最基本的 3 个标签，其他标题标签 \<caption\>、表头单元格 \<th\> 可以没有，但是这三者必须要有
编辑表格	合并行	\<td rowspan=" 跨度的行数 "\>
	合并列	\<td colspan=" 跨度的列数 "\>
	设置背景颜色	\<table bgcolor=" 颜色 "\>、\<tr bgcolor=" 颜色 "\>、\<td bgcolor=" 颜色 "\>
	设置背景图片	Background=" 图像地址 "
表格完整结构		表格完整结构应该包括表格标题（caption）、表头（thead）、主体（tbody）和脚注（tfoot）四部分。th 表示表头单元格，每一对 \<tr\>\</tr\> 表示一行
CSS 属性	CSS 声明标签	\<style\>\</style\>
	字体类型	font-family: 字体名;
	字体大小	font-size: 像素值;
	字体颜色	color: 关键字 / 颜色值;
	文本水平对齐	text-align: 属性值; 对齐方式: 左对齐（left）、居中对齐（center）、右对齐（right）
	背景图片	background-image:url（" 图像地址 "）;
	背景颜色	background-color: 颜色值;
	外边距	margin 分为 4 个方向的外边距: margin-top: 像素值; margin-right: 像素值; margin-bottom: 像素值; margin-left: 像素值;

3.6　技能训练

通过测试练习环节，对本项目涉及的英文单词进行重复练习，既可以熟悉 html 标签的单词组合，也可以提高代码输入的速度和正确率。

在浏览器中打开素材中的 Exercise3.html 文件，如图 3-15 所示，单击"开始打字测试"按钮，在文本框输入上面的单词，输入完成后，单击"结束 / 计算速度"按钮即可显示所用时间、错误数量和输入速度等信息。

键盘输入技能训练

html lang head meta charset title style body font family size text background image url align center margin left right input color hover style head body center table border cellpadding cellspacing width bgcolor caption height class colspan width th td colspan height class rowspan width colspan type name value input type name value height class colspan input type name value colspan input type name value height class colspan tr cellpadding cellspacing head meta charset title style body font family size text background image url align center hover style head body center table border cellpadding cellspacing width bgcolor caption colspan height class rowspan width colspan

html lang head meta charset title style body font family size text background image url align center margin left right input color hover style head body center table border cellpadding cellspacing width bgcolor caption height class colspan width th td colspan height class rowspan width colspan type name value input type name value height class colspan input type name value colspan input type name value height class colspan tr cellpadding cellspacing head meta charset title style body font family size text background image url align center hover style head body center table border cellpadding cellspacing width bgcolor caption colspan height class rowspan width colspan

（重新）开始打字测试　　结束/计算速度

经过时间293秒　　错误数量0个　　速度138.22525597269623个/分

图3-15　键盘输入技能训练

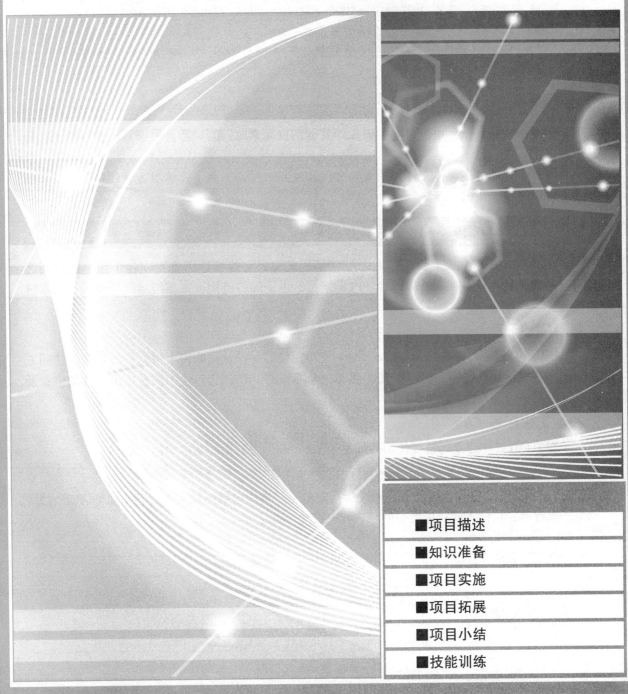

项目 4

网页中的多媒体

- ■项目描述
- ■知识准备
- ■项目实施
- ■项目拓展
- ■项目小结
- ■技能训练

4.1 项目描述

在自媒体快速发展的今天，掌握好网页中多媒体的应用是学习前端设计的重要内容之一。HTML 5 中新增加了音频和视频标签，在本项目中学习创建超链接和制作音频、视频播放器。

> **本项目学习要点** ⇨
> 1. 创建超链接；
> 2. 创建锚点链接和热点地图；
> 3. 插入音视频文件；
> 4. 制作音乐播放器；
> 5. 制作视频播放器。

4.2 知识准备

超链接就是当鼠标单击文本、图片等其他网页元素时，浏览器会根据其设置跳转到其他位置。

网页中常见的多媒体文件包括音频文件和视频文件，下面主要学习音频和视频的基本概念、常用属性等知识。

4.2.1 建立超链接

在 HTML 文件中最重要的应用之一就是超链接，它能够让浏览者在各个独立的页面之间方便地跳转。超链接有外部链接、内部链接、电子邮件链接、锚点链接、空连接、脚本链接等。

1. URL 概念

URL（Uniform Resource Locator，统一资源定位器）是从互联网上得到资源位置和访问方法的一种表示，互联网上的每个文件都有一个唯一的 URL，它包含的信息指出文件的位置及浏览器应该怎么处理它。

2. 超链接标签 \<a\>

在 HTML 5 中建立超链接使用的标签为 \<a\>\</a\>。超链接的基本结构如下。

`<a href=" 链接地址 " target=" 目标窗口的打开方式 "> 超链接文字 </a>`

href 属性表示链接地址，链接地址所指向的链接类型包括图片文件、网站地址、FTP 地址、电子邮件等，指向不同目标类型的超链接有三类，如表 4-1 所示。

表 4-1 \<a\> 标签 href 目标

href 目标	举例说明
链接到各种类型的文件	\<a href="index.html"\> 链接到 index.html 文件 \</a\> \<a href="photo.jpg"\> 链接到图片 \</a\> \<a href="info.docx"\> 链接到 Word 文档 \</a\> \<a href="sucai.rar"\> 链接到 RAR 压缩文件 \</a\>

续表

href 目标	举例说明
链接到其他网站或 FTP 服务器	<a href="http://www.baidu.com"> 链接到百度首页 </a> <a href="ftp://172.16.1.200"> 链接到 FTP 服务器 </a>
链接到电子邮件	<a href="mailto:yourname@qq.com"> 链接到电子邮件地址 </a>

target 属性来控制浏览器窗口的打开方式，target 属性值有 4 个，如表 4-2 所示。

表 4-2 <a> 标签 target 属性

target 属性值	说 明
_self	默认方式，即在当前窗口打开链接
_blank	在一个全新的空白窗口中打开链接
_top	在顶层框架中打开链接
_parent	在当前框架的上一层中打开链接

一般情况下，target 只用到"_self"和"_blank"这两个属性值。

【例 4-1】target 属性值 _blank 实例，代码如下所示（示例文件 4-1.html）。

```
<!DOCTYPE html>
<html lang="en">
<head>
    <meta charset="UTF-8">
    <title>target 属性 _blank 实例 </title>
</head>
<body>
    <a href="http://www.baidu.com" target="_blank">新窗口打开百度 </a>
</body>
</html>
```

在浏览器中预览效果如图 4-1 所示，单击超链接后的效果如图 4-2 所示。

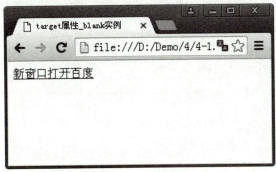

图 4-1 预览效果

图 4-2 单击超链接后的效果

3. 创建锚点链接

对于内容比较多导致页面过长的网页，访问者需要不停地拖动浏览器上的滚动条来查看网页中的内容，为了方便查看，在网页中需要建立锚点链接。所谓锚点链接，就是单击某一个超链接，它就会跳到当前页面的某一部分。

【例4-2】锚点链接实例,代码如下所示(示例文件4-2.html)。

```html
1  <!DOCTYPE html>
2  <html lang="en">
3  <head>
4      <meta charset="UTF-8">
5      <title>锚点链接实例</title>
6  </head>
7  <body>
8      <h1>WEB前端设计教程目录</h1>
9      <ul>
10         <li><a href="#C1">项目一</a></li>
11         <li><a href="#C2">项目二</a></li>
12         <li><a href="#C3">项目三</a></li>
13         <li><a href="#C4">项目四</a></li>
14         <li><a href="#C5">项目五</a></li>
15         <li><a href="#C6">项目六</a></li>
16         <li><a href="#C7">项目七</a></li>
17         <li><a href="#C8">项目八</a></li>
18     </ul>
19     <h2><a name="C1">项目一</a></h2>
20     <p>本项目讲解的内容是……</p>
21     <h2><a name="C2">项目二</a></h2>
22     <p>本项目讲解的内容是……</p>
23     <h2><a name="C3">项目三</a></h2>
24     <p>本项目讲解的内容是……</p>
25     <h2><a name="C4">项目四</a></h2>
26     <p>本项目讲解的内容是……</p>
27     <h2><a name="C5">项目五</a></h2>
28     <p>本项目讲解的内容是……</p>
29     <h2><a name="C6">项目六</a></h2>
30     <p>本项目讲解的内容是……</p>
31     <h2><a name="C7">项目七</a></h2>
32     <p>本项目讲解的内容是……</p>
33     <h2><a name="C8">项目八</a></h2>
34     <p>本项目讲解的内容是……</p>
35 </body>
36 </html>
```

在浏览器中预览效果如图4-3所示。

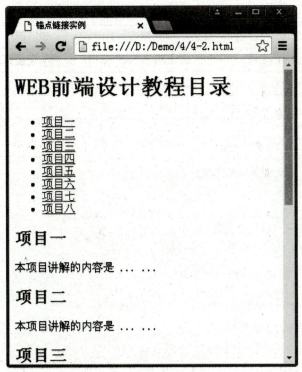

图 4-3 锚点链接示例效果

4. 创建热点区域

在浏览网页时，当单击某图片的不同区域就会链接到不同的目标页面，这就是图片的热点区域。

在 HTML 5 中可以为图片创建 3 种类型的热点区域：矩形、圆形和多边形。创建热点区域使用 <map> 和 <area> 标签，其结构如下：

```
<img src="图片地址" usemap="#名称">
<map name="#名称">
<area shape="rect" coords="x1,y1,x2,y2" href="#">
<area shape="circle" coords="x,y,r" href="#">
<area shape="poly" coords="x1,y1,x2,y2,x3,y3……" href="#">
</map>
```

在上面的结构中，需要注意如下几点。

（1）建立图片热点区域时，必须插入图片且为图片增加 usemap 属性，属性值必须以"#"开头，加上名称。

（2）<map> 标签只有一个 name 属性，作用是为区域命名，设置值必须与 <img> 标签的 usemap 属性值相同。

（3）<area> 定义热点区域的形状及链接目标地址，它有 3 个必需的属性：shape 和 coords 属性取值如表 4-3 所示；herf 属性为热点区域设置超链接的目标，设置值为"#"时，表示空链接。

表 4–3 shape 和 coords 属性取值

shape 属性	coords 属性值	说 明
rect（矩形）	coords="x1,y1,x2,y2"	左上角坐标为（x1,y1），右下角坐标为（x2, y2）
circle（圆形）	coords="x,y,r"	圆心坐标为（x, y），半径为 r
poly（多边形）	coords="x1,y1,x2,y2,x3,y3…"	（x1,y1）、（x2, y2）、（x3, y3）…为多边形的各个点的坐标

【例 4–3】创建热点区域实例，代码如下所示（示例文件 4-3.html）。

```
1  <!DOCTYPE html>
2  <html lang="en">
3  <head>
4      <meta charset="UTF-8">
5      <title> 热点区域实例 </title>
6  </head>
7  <body>
8      <img src="images/bg.jpg" usemap="# 名称 ">
9      <map name="# 名称 ">
10         <area shape="rect" coords="10,10,100,100" href="http://www.sohu.com">
11         <area shape="circle" coords="136,330,80" href="http://www.126.com">
12         <area shape="poly" coords="398,295,485,278,502,202,551,272,647,277,601,345,
            677,507,530,426,386,530,444,351" href="http://www.baidu.com">
13     </map>
14 </body>
15 </html>
```

在浏览器中预览效果如图 4-4 所示。

图 4-4 创建热点区域示例效果

4.2.2 添加音频文件

在网页中，HTML 5 新增了音频和视频标签，下面将讲解音频的基本概念、常用属性和浏览器的支持情况。

1. <audio> 概述

audio 标签主要是定义播放声音文件和音频流的标准。它支持 Ogg、MP3 和 WAV 三种音频格式。在 HTML 5 中播放音频，结构如下：

```
<audio src=" 音频文件 " controls="controls">…</audio>
```

其中 src 属性定义要播放的音频地址，controls 属性是提供添加播放、暂停和音量控件的属性，在 <audio></audio> 之间放置文本内容，这样旧的浏览器就可以显示出不支持该标签的信息。<audio> 标签的常见属性如表 4-4 所示。

表 4-4 <audio> 标签的常见属性

属 性	值	描 述
autoplay	autoplay（自动播放）	出现该属性，音频在就绪后马上播放
controls	controls（控制）	出现该属性，向用户显示控件，如播放按钮
loop	loop（循环）	出现该属性，每当音频结束时重新开始播放
preload	preload（加载）	出现该属性，音频在页面加载时进行加载，并预备播放。如果使用"autoplay"，则忽略该属性
src	url（地址）	要播放的音频的 URL

虽然 HTML 5 提供了音频标签，但目前不同的浏览器对 <audio> 标签的支持也不同。例如，Ogg 类型的音频文件，适用于 Firefox、Opera 及 Chrome 浏览器，要确保适用于 Safari 浏览器，音频文件必须是 MP3 或 WAV 类型。

2. 在网页中添加音频文件

在网页中添加音频文件时，根据自己的需求可以添加不同类型的音频文件，如添加自动播放的音频文件、添加带有控件的音频文件、添加循环播放的音频文件和添加预播放的音频文件。

【例 4-4】在网页中添加音频文件实例，代码如下所示（示例文件 4-4.html）。

```
1  <!DOCTYPE html>
2  <html lang="en">
3  <head>
4      <meta charset="UTF-8">
5      <title> 网页中添加音频文件 </title>
6  </head>
7  <body>
8      <h3> 自动播放的音频文件 </h3>
9      <audio controls="controls" autoplay="autoplay" src="media/go.mp3"></audio>
10     <h3> 带有控件的音频文件 </h3>
11     <audio controls="controls" src="media/go.mp3"></audio>
```

```
12      <h3>循环播放的音频文件</h3>
13      <audio controls="controls" loop="loop" src="media/go.mp3"></audio>
14 </body>
15 </html>
```

上面第 8~13 行代码可以根据 HTML 5 允许部分属性值的属性省略的新规定，可以简写为如下代码：

```
8    <h3>自动播放的音频文件</h3>
9    <audio controls autoplay src="media/go.mp3"></audio>
10   <h3>带有控件的音频文件</h3>
11   <audio controls src="media/go.mp3"></audio>
12   <h3>循环播放的音频文件</h3>
13   <audio controls loop src="media/go.mp3"></audio>
```

在浏览器中预览效果如图 4-5 所示。

图 4-5　在网页中添加音频文件实例效果

在网页中添加预播放的音频文件时，preload 属性定义在页面加载后是否载入音频，如果设置了 autoplay 属性，则忽略该属性。preload 属性值有以下 3 种。

（1）auto：当页面加载后载入整个音频。
（2）meta：当页面加载后只载入元数据。
（3）none：当页面加载后不载入音频。

【例 4-5】在网页中添加预播放的音频文件实例，代码如下所示（示例文件 4-5.html）。

```
1  <!DOCTYPE html>
2  <html lang="en">
3  <head>
4      <meta charset="UTF-8">
5      <title>添加预播放的音频文件</title>
6  </head>
7  <body>
8      <h3>添加预播放的音频文件</h3>
```

```
9          <audio src="media/go.mp3" controls preload="auto"></audio>
10 </body>
11 </html>
```

在浏览器中预览效果如图 4-6 所示。

图 4-6　在网页中添加预播放的音频文件实例效果

4.2.3 添加视频文件

直到现在，不存在统一在网页上显示视频的标准。目前大多数视频是通过插件（如 Flash）来显示的，然而并非所有浏览器都拥有同样的插件。HTML5 规定了一种通过 video 元素来包含视频的标准方法。

1. <video> 标签概述

<video> 标签定义了播放视频文件或视频流的标准，它支持 3 种视频格式，分别为 Ogg、MPEG4 和 WebM。Ogg 是带有 Theora 视频编码和 Vorbis 音频编码的 Ogg 文件；MPEG4 是带有 H.264 视频编码和 AAC 音频编码的 MPEG4 文件；WebM 是带有 VP8 视频编码和 Vorbis 音频编码的 WebM 文件。

在 HTML 5 网页中播放视频，结构如下：

```
<video src=" 视频文件 " controls="controls">…</video>
```

其中 src 属性定义要播放的视频地址，controls 属性是提供添加播放、暂停和音量控件的属性，在 <video></video> 之间放置文本内容，这样旧的浏览器就可以显示出不支持该标签的信息。<video> 标签的常见属性如表 4-5 所示。

表 4-5　<video> 标签的常见属性

属　　性	值	描　　述
autoplay	autoplay（自动播放）	出现该属性，视频在就绪后马上播放
controls	controls（控制）	出现该属性，向用户显示控件，如播放按钮
height	高度值	设置视频播放器的高度
width	宽度值	设置视频播放器的宽度
loop	loop（循环）	出现该属性，每当视频文件完成播放后再次开始播放
preload	preload（加载）	出现该属性，视频在页面加载时进行加载，并预备播放。如果使用"autoplay"，则忽略该属性
src	url（地址）	要播放的视频的 URL
muted	muted（静音）	设置视频的音频输出应该被静音
poster	url（图片文件地址）	设置视频下载时显示的图像，或者在用户单击播放按钮前显示的图像

虽然 HTML 5 提供了视频标签，但目前不同的浏览器对 <video> 标签的支持也不同。例如，Ogg 类型的视频文件，适用于 Firefox、Opera 及 Chrome 浏览器，要确保适用于 Safari 浏览器，视频文件必须是 MPEG4 类型。

2. 在网页中添加视频文件

在网页中添加视频文件时，根据自己的需求可以添加不同类型的视频文件，如添加自动播放的视频文件、添加带有控件的视频文件、添加循环播放的视频文件和添加预播放的视频文件，另外还可以设置视频文件的高度和宽度。

【例 4-6】在网页中添加视频文件实例，代码如下所示（示例文件 4-6.html）。

```
1  <!DOCTYPE html>
2  <html lang="en">
3  <head>
4      <meta charset="UTF-8">
5      <title>网页中添加视频文件</title>
6  </head>
7  <body>
8      <h3>自动播放的视频文件</h3>
9      <video controls autoplay="autoplay" src="media/movie.webm"></video>
10     <h3>带有控件的视频文件</h3>
11     <video controls="controls" src="media/movie.webm"></video>
12     <h3>循环播放的视频文件</h3>
13     <video controls="controls" loop="loop" src="media/movie.webm"></video>
14 </body>
15 </html>
```

在浏览器中预览效果如图 4-7 所示。

图 4-7　在网页中添加视频文件实例效果

在网页中添加预播放的视频文件时，preload 属性定义在页面加载后是否载入视频，如果设置了 autoplay 属性，则忽略该属性。preload 属性值有以下 3 种。

（1）auto：当页面加载后载入整个视频。
（2）meta：当页面加载后只载入元数据。
（3）none：当页面加载后不载入视频。

【例 4-7】在网页中添加预播放的视频文件实例，代码如下所示（示例文件 4-7.html）。

```
1  <!DOCTYPE html>
2  <html lang="en">
3  <head>
4      <meta charset="UTF-8">
5      <title>添加预播放的视频文件</title>
6  </head>
7  <body>
8      <h3>添加预播放的视频文件</h3>
9      <video src="media/movie.webm" controls preload="auto"></video>
10 </body>
11 </html>
```

在浏览器中预览效果如图 4-8 所示。

图 4-8　在网页中添加预播放的视频文件实例效果

3. 设置视频文件的高度和宽度

使用 width 和 height 属性可以设置视频文件的显示宽度和高度，单位为像素。

【例 4-8】设置视频文件的高度和宽度实例，代码如下所示（示例文件 4-8.html）。

```
1  <!DOCTYPE html>
2  <html lang="en">
3  <head>
4      <meta charset="UTF-8">
5      <title>设置视频文件的高度和宽度</title>
6  </head>
7  <body>
```

```
8          <h3>设置视频文件的高度和宽度</h3>
9          <video src="media/movie.webm" controls width="256px" height="110px">
10         </video>
11    </body>
12    </html>
```

在浏览器中预览效果如图 4-9 所示。

图 4-9　设置视频文件的高度和宽度实例效果

4.3　项目实施

通过此项目的学习，学习到 HTML 5 网页中超链接、音频、视频等标签元素，下面通过制作 HTML 5 音乐播放器来应用这些网页元素，效果如图 4-10 所示。

图 4-10　HTML 5 音乐播放器效果

具体操作步骤如下。

（1）启动 Sublime 程序，新建并保存文件名称为"4-9.html"。

（2）输入代码如下：

```html
1   <!DOCTYPE html>
2   <html lang="en">
3   <head>
4       <meta charset="UTF-8">
5       <title>HTML5 音乐播放器 </title>
6        <style>
7              a:hover{text-decoration:none;font-size:14px;color:red;}
8        </style>
9   </head>
10   <body background="images/bfqbg.jpg">
11       <h3>歌曲欣赏 </h3>
12       <br>
13       <audio src="" controls="controls" id="audio"></audio>
14       <ul style="margin-top:40px;">
15              <li><a href="#" onclick="one()">祖国万岁 </a></li>
16              <li><a href="#" onclick="two()">我爱你中国 </a></li>
17              <li><a href="#" onclick="three()">感恩祖国 </a></li>
18              <li><a href="#" onclick="four()">共和国的日子 </a></li>
19       </ul>
20         <script type="text/javascript">
21              var audio = document.getElementById("audio");
22              function one(){
23                  audio.src = "media/01.mp3";
24                  audio.play();
25              }
26              function two(){
27                  audio.src="media/02.mp3";
28                  audio.play();
29              }
30              function three(){
31                  audio.src="media/03.mp3";
32                  audio.play();
33              }
34              function four(){
35                  audio.src="media/04.mp3";
36                  audio.play();
37              }
38       </script>
39   </body>
40   </html>
```

（3）再次保存文件后，在页面中右击，从弹出的快捷菜单中选择"在浏览器中打开"命令，效果如图 4-11 所示。

制作html 5
音乐播放器

图 4-11　预览效果

实例解析

以上代码第 13 行使用 audio 标签插入音频播放器，设置 src 为空、id 为 audio（设置 id 的作用是第 21 行通过使用 getElementById( ) 来访问 <video> 元素）。

第 20~37 行为 JavaScript 代码，功能是给 audio 标签的 src 赋值，当单击上面的超链接时播放相对应的歌曲。

第 23、27、31、35 行分别通过设置 audio 对象的 src 的值来实现不同音频源文件的准备，然后使用 audio 对象的 play( ) 方法来播放音频文件。

4.4　项目拓展

此项目拓展创建视频播放器，效果如图 4-12 所示。

图 4-12　HTML 5 视频播放器效果

具体操作步骤如下。
（1）用 Sublime 编辑器新建并保存文件名称为 "4-10.html"。
（2）输入代码如下：

```
1    <!doctype html>
2    <html>
3        <head>
4            <title>HTML5 视频播放器 </title>
5            <meta charset="utf-8">
6            <style>
7                p{width:680px;}
8            </style>
9        </head>
10       <body>
11           <h3>HTML5 视频播放器 </h3>
12           <video src="media/movie.webm" controls="controls" id="video" poster="media/bg.jpg" width="680px">
13               亲，您的浏览器不支持html5 的 video 标签!
14           </video>
15           <p>
16               <button onclick="bofang()">播放 </button>
17               <button onclick="zanting()">暂停 </button>
18               <button onclick="kuaijin()">快进10 秒 </button>
19               <button onclick="kuaitui()">快退10 秒 </button>
20               <button onclick="shutup(this)"> 无声 </button>
21               <button onclick="speedup()"> 加速播放 </button>
22               <button onclick="speeddown()"> 减速播放 </button>
23               <button onclick="normal()"> 正常播放 </button>
24               <button onclick="upper()"> 调高嗓门 </button>
25               <button onclick="lower()"> 调低嗓门 </button>
26           </p>
27           <script type="text/javascript">
28               var video = document.getElementById("video");
29               // 播放
30               function bofang(){
31                   video.play();
32               }
33               // 暂停
34               function zanting(){
35                   video.pause();
36               }
37               // 快进10 秒
```

```
38              function kuaijin(){
39                  video.currentTime += 10;
40              }
41              // 快退 10 秒
42              function kuaitui(){
43                  video.currentTime -= 10;
44              }
45              // 有声和无声　即静音和不静音
46              function shutup(obj){
47                  if(video.muted){
48                      obj.innerHTML = "无声";
49                      video.muted = false;
50                  }else{
51                      obj.innerHTML = "有声";
52                      video.muted = true;
53                  }
54              }
55              function speedup(){
56                  video.playbackRate = 3;
57              }
58              function speeddown(){
59                  video.playbackRate = 1/3;
60              }
61              function normal(){
62                  video.playbackRate = 1;
63              }
64              function upper(){
65                  video.volume +=0.1;// 声音值的范围是 0-1
66              }
67              function lower(){
68                  video.volume -=0.1;
69              }
70          </script>
71      </body>
72  </html>
```

（3）再次保存文件后，在页面中右击，从弹出的快捷菜单中选择"在浏览器中打开"命令，效果如图 4-13 所示。

创建视频播放器

图 4-13 预览效果

实例解析

以上代码第 12 行使用 video 标签插入视频播放器,设置 src 为空、id 为 video(设置 id 的作用是为了第 28 行 JavaScript 代码获得 video 元素)。设置 controls 的值,在 HTML 5 中规定用 controls 属性来控制视频文件的播放、暂停、停止和调节音量等操作。controls 是一个布尔属性,一旦添加了此属性,等于高速浏览器需要显示播放控制并允许用户进行操作。

第 27~70 行为 JavaScript 代码,功能是单击第 15~26 行中的 button 按钮来改变视频播放器 video 对象的属性和方法,从而产生不同的效果。本例涉及的属性或方法如表 4-6 所示。

表 4-6 video 对象的属性或方法

属性或方法	描 述
currentTime	设置或返回视频中的当前播放位置(以秒计)
muted	设置或返回是否关闭声音
playbackRate	设置或返回视频播放的速度
volume	设置或返回视频的音量
play()	开始播放视频
pause()	暂停当前播放的视频

第 16~25 行为 button 按钮添加了 onclick 属性,onclick 属性是由元素上的鼠标单击触发的。此属性不适用 <base>、<bdo>、
、<head>、<html>、<iframe>、<meta>、<param>、<script>、<style> 或 <title> 元素。

第 31、35 行分别使用了 video 对象的 play() 和 pause() 方法来控制视频的播放和暂停。

第 39、43、49、52、56、59、62、65、68 行分别通过设置 video 对象属性的值,来改变快进、快退、有声、无声、加速播放、减速播放、正常播放、增加音量和降低音量操作。

4.5 项目小结

本项目通过项目实施和项目拓展制作了 HTML 5 音频和视频播放器两个案例,学习了在网页中添加超链接、音频、视频和控制音视频对象的属性和方法,掌握了 <a>、<audio>、<video> 等标签的使用方法。

本项目知识点总结如表 4-7 所示。

表 4-7　多媒体标签格式总结

标签或属性	格式或用法			说明
<a> 标签	<a href=" 链接地址 " target=" 目标窗口的打开方式 "> 超链接文字 </a>			超链接标签
href 属性	表示链接地址，链接地址所指向的链接类型包括图片文件、网站地址、FTP 地址、电子邮件等			<a> 标签属性
target 属性	控制浏览器窗口的打开方式，target 属性值有 4 个：_self、_blank、_top、_parent			
<map> 标签和 <area> 标签	<img src=" 图片地址 " usemap="# 名称 "> <map name="# 名称 "> <area shape="rect" coords="x1,y1,x2,y2" href="#"> <area shape="circle" coords="x,y,r " href="#"> <area shape="poly" coords="x1,y1,x2,y2,x3,y3……" href="#"> </map>			创建热点区域标签
name 属性	为区域命名，设置值必须与 <img> 标签的 usemap 属性值相同			创建热点区域属性
usemap 属性	建立图片热点区域时，必须插入图片且为图片增加 usemap 属性，属性值必须以 "#" 开头，加上名称			
shape 属性	rect（矩形）	circle（圆形）	poly（多边形）	
coords 属性	coords="x1,y1,x2,y2"	coords="x,y,r"	coords="x1,y1,x2,y2,x3,y3…"	
<audio> 标签	<audio src=" 音频文件 " controls="controls">…</audio>			添加音频标签
src 属性	定义要播放的音频地址			<audio> 标签的常见属性
controls 属性	提供添加播放、暂停和音量控件的属性			
autoplay 属性	出现该属性，音频在就绪后马上播放			
loop 属性	出现该属性，每当音频结束时重新开始播放			
preload 属性	出现该属性，音频在页面加载时进行加载，并预备播放。如果使用 "autoplay"，则忽略该属性。preload 属性值有 3 种：auto、meta、none			
<video> 标签	<video src=" 视频文件 " controls="controls">…</video>			添加视频标签
src 属性	定义要播放的视频地址			<video> 标签的常见属性
controls 属性	提供添加播放、暂停和音量控件的属性			
autoplay 属性	出现该属性，视频在就绪后马上播放			
height 属性	设置视频播放器的高度			
width 属性	设置视频播放器的宽度			
loop 属性	出现该属性，媒介文件完成播放后再次开始播放			
preload 属性	出现该属性，视频在页面加载时进行加载，并预备播放。如果使用 "autoplay"，则忽略该属性。preload 属性值有 3 种：auto、meta、none			
muted 属性	设置视频的音频输出应该被静音			
poster 属性	设置视频下载时显示的图像，或在用户单击播放按钮前显示的图像			

4.6　技能训练

通过测试练习环节，对本项目涉及的英文单词进行重复练习，既可以熟悉 html 标签的单词组合，也可以提高代码输入的速度和正确率。

打开素材中的 Exercise4.html 文件，单击"开始打字测试"按钮，在文本框输入上面的单词，输入完成后，单击"结束 / 计算速度"按钮即可显示所用时间、错误数量和输入速度等信息。

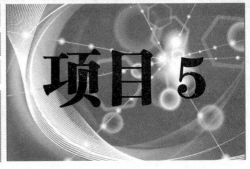

项目 5

网页中的表单

- ■项目描述
- ■知识准备
- ■项目实施
- ■项目拓展
- ■项目小结
- ■技能训练

5.1 项目描述

在前面的项目中已经学习了各种标签，但是用这些标签制作的网页都只限用户浏览，都属于静态网页。如果用户能实现与服务器的交互，如注册登录、交流评论、问卷调查等动作，就是动态页面。本项目学习使用 HTML5 创建表单，这是实现动态页面的第一步，表单最重要的功能就是在客户端收集用户的信息，然后将数据传递给服务器去处理。

本项目学习要点 ➪
1. 表单的作用和语法格式；
2. 表单中各元素的作用和语法格式；
3. 表单的高级应用；
4. 使用 CSS 样式修饰表单。

5.2 知识准备

5.2.1 表单概述

在 HTML 文档中，使用表单可以收集用户的相关信息，提交后的数据可以交付后台进行处理，如登录界面、调查问卷、个人信息填写等。

表单的标签为 \<form>\</form>，其格式如下：

```
<form name="表单名称" action="url" method="get/post" target="目标显示方式" enctype="mime"></form>
```

其中各属性的含义如表 5-1 所示。

表 5-1　form 标签的属性列表

属性	含义	说明
name	表单名称	为了区分多个表单，用该属性给表单命名，以防止表单提交到后台程序出现混乱
action	表单提交地址	用于指定表单数据提交到哪个地址进行处理或以邮件形式发送到哪个邮箱，如：action="form-action.asp" 或 action="mailto:415770947@qq.com"
method	传送方法	指明提交表单的 HTTP 方法，取值为 get 或 post，由于 get 方法安全性较低，因此大部分采用 post 方法
target	目标显示方式	目标窗口的打开位置，与超链接 \<a> 标签一样，有 4 个属性值： ● _self：默认值，表示在当前的窗口打开页面 ● _blank：表示在新的窗口打开页面（常用） ● _parent：表示在父级窗口中打开页面 ● _top：页面载入到包含该链接的窗口，取代当前在窗口中的所有页面
enctype	编码方式	用于设置表单信息提交的编码方式，有两个值： ● application/x-www-form-urlencoded：默认的编码方式 ● multipart/form-data：MIME 编码，对于"上传文件"这种表单必须选择该值

结合以上表单属性的介绍，可以创建如图 5-1 所示的表单。

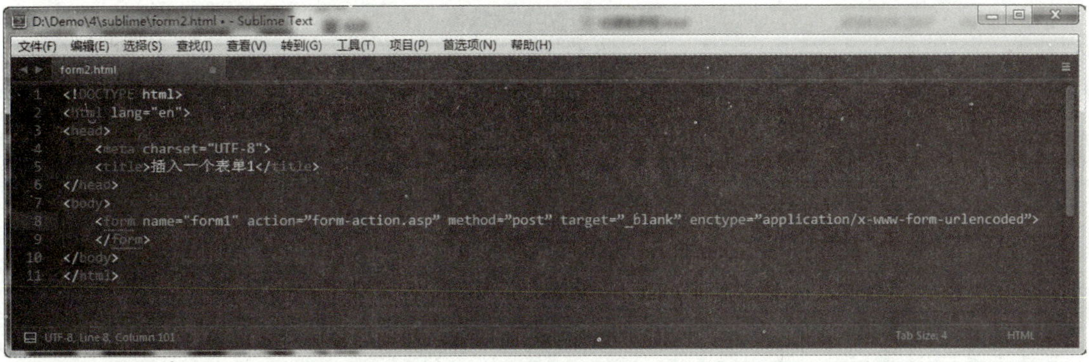

图 5-1 创建表单代码（1）

第 8、9 行代码为：

<form name="form1" action="form-action.asp" method="post" target="_blank" enctype="application/x-www-form-urlencoded"></form>

这条代码创建了一个表单，name="form1" 表示表单名称为 "form1"，action="form-action.asp" 表示提交表单后将数据交给 form-action.asp 文件来执行，method="post" 表示传送方法为 post，target="_blank" 表示提交表单后在新的窗口打开页面，enctype="application/x-www-form-urlencoded" 定义了表单信息提交时的编码方式。

也可以按如图 5-2 所示的代码创建表单。

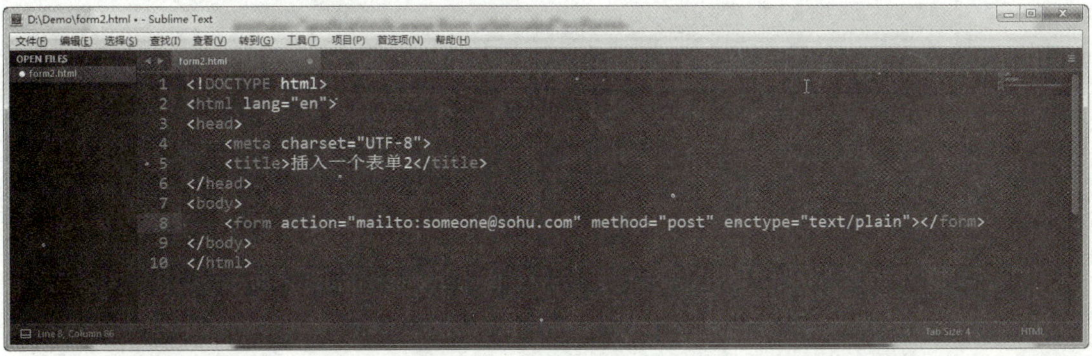

图 5-2 创建表单代码（2）

第 8、9 行代码为：

<form action="mailto:someone@sohu.com" method="post" enctype="text/plain"></form>

这条代码中 action="mailto:someone@sohu.com" 表示提交表单后将表单内容以邮件形式发送给 someone@sohu.com。

5.2.2 表单基本元素

按照上面的方法创建的表单，在网页上并没有内容显示，因为表单是一个包含表单元素的容器，只有通过插入各种表单元素，才能显示不同的交互界面。

<input> 标签用于搜集用户信息，通过设置不同的 type 属性值，可以有很多类型，type 属性值如表 5-2 所示。

表 5-2 type 属性值

type 值	含义	说明
text	单行文本框	用户可在其中输入简短文本，默认宽度为 20 个字符
password	密码	为了保证文本的安全性，该字段中的字符被掩码，以点的形式显示
checkbox	复选框	用户在一组选项中可以选择一项或多项
radio	单选按钮	用户在一组选项中只能选择一项
button	普通按钮	可单击的按钮，一般用于通过 JavaScript 启动脚本
submit	提交按钮	作用是把表单数据发送到服务器
reset	重置按钮	作用是清除表单中的所有数据
image	图像域	图像形式的提交按钮
file	上传按钮	定义输入字段和浏览按钮，供文件上传
hidden	隐藏字段	需要提交数据又不显示在浏览器中的表单元素

【例 5-1】制作一个登录框实例，代码如下所示（示例文件 5-1.html）。

```
1   <!DOCTYPE html>
2   <html lang="en">
3   <head>
4       <meta charset="UTF-8">
5       <title>创建一个登录框</title>
6   </head>
7   <body>
8       <from method="post" action="">
9       姓名:<input type="text" value="请输入姓名" size="20" maxlength="15"/><br/>
10      密码:<input type="password" size="20" maxlength="15"/><br/>
11      <input type="submit" value="登录" />
12      <input type="reset" value="重置"/>
13      </form>
14  </body>
15  </html>
```

在 Chrome 浏览器中预览，效果如图 5-3 所示。

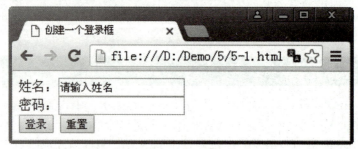

图 5-3 创建一个登录框实例效果

实例解析

第 8 行 <form> 表示表单的开始，第 13 行 </form> 表示表单的结束。

第 9 行代码表示插入了一个单行文本框，其 type 属性值为"text"，value 属性定义文本框的初始值为"请输入姓名"；size 属性定义文本框的宽度为"20"个字符宽度；maxlength 属性定义文本框最多输入的字符数为"15"。

第 10 行代码表示一个密码框，其 type 属性值为"password"，其他的属性及含义和文本框是一样的，密码文本框中的文本以点的形式显示，但它仅仅使周围的人看不见输入的文本，但并不能真正使得数据安全。为了数据安全，还需要后端技术解决。

第 11 行代码表示插入一个提交按钮，其 type 属性是"submit"，value 的取值"登录"就是显示在按钮上的文字。提交按钮单击后会将表单的信息提交给表单 form 的 action 属性所指向的文件进行处理。

第 12 行代码表示插入一个重置按钮，其 type 属性为"reset"，value 属性的意义与提交按钮相同，重置按钮的作用是将表单中的内容清空。

【例 5-2】制作一个满意度测评表单实例，代码如下所示（示例文件 5-2.html）。

```
1    <!DOCTYPE html>
2    <html lang="en">
3    <head>
4        <meta charset="UTF-8">
5        <title>满意度测评</title>
6    </head>
7    <body>
8        <from method="post" action="">
9        网站满意度打分:<br/>
10       <input type="radio" name="Question1" value="best" checked="checked"/>非常满意<br/>
11       <input type="radio" name="Question1" value="better"/>比较满意<br/>
12       <input type="radio" name="Question1" value="good"/>一般<br/>
13       <input type="radio" name="Question1" value="bad"/>不满意<br/>
14       您希望我们增加些哪方面的知识：<br/>
15       <label for="c1">网页设计：</label>
16         <input type="checkbox" id="c1" value="painting" checked="checked"><br />
17       <label for="c2">css3 动画：</label>
18       <input type="checkbox" id="c2" value="writting"><br />
19       <label for="c3">后期运营维护：</label>
20       <input type="checkbox" id="c3" value="travelling"><br />
21       <input type="submit" value="提交" />
22       </form>
23   </body>
24   </html>
```

在 Chrome 浏览器中预览，效果如图 5-4 所示。

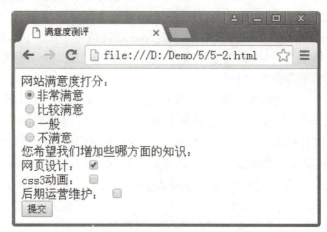

图 5-4 满意度测评实例效果

在第一组的"网站满意度打分"中，"非常满意""比较满意""一般"和"不满意"四项只能选择一项，选项之间是互斥关系。第二组的"您希望我们增加些哪方面知识"中，"网页设计""CSS3 动画""后期运营维护"三项可以选择一项，也可以选择多项。

实例解析

代码 10~13 行设置了一个单选按钮组，共 4 个选项，单选按钮的 type 属性为 radio，name 属性为单选项命名，value 属性为该选项的值，它是与服务器连接的重要参数。

从 4 个单选项的代码可以看到，其 name 属性值是相同的，都是 Question1，这一点非常重要，如果有一个选项的 name 值不同，那么它和其他项之间不再存在互斥关系，就可以在单选按钮组中选择多项了。另外每个选项的 value 值是不同的。

代码 15~20 行设置了一个复选框组，共 3 个选项，复选框的 type 值为 checkBox，复选框 checkbox 不像单选按钮 radio，它不需要设置选项列表的 name，因为复选框可以多选，一个选项列表中可以有多个复选框被选中。

复选框的第一个选项代码中加了 checked="checked" 这个属性值，表示该选项默认情况下被选中。

HTML 中的复选框是不包含文本的，如想添加文本需要加入 <label> 标签，并且用 <label> 标签的 for 属性指向复选框的 id 属性。每一选项的文本都用到了 <label> 标签，其实在外观上，有没有这个标签都是一样的，但是用户使用起来是有区别的。如想选中"我喜欢的绘画"一项，在没有使用 <label> 标签时，只能单击复选框标记才能选中，如果使用 <label> 标签，则单击"我喜欢的绘画"文本也可以将该选项选中，也就是说该标签将选项区域扩展至包含文字区域，方便用户进行选择。

【例 5-3】制作上传附件页面实例，代码如下所示（示例文件 5-3.html）。

```
1  <!DOCTYPE html>
2  <html lang="en">
3  <head>
4      <meta charset="UTF-8">
5      <title>上传附件</title>
```

```
6    </head>
7    <body>
8       上传图片:<input type="file"/><br/>
9       <input type="button" value=" 图片要求 " onclick="alert(' 文件不能大于10MB；
必须是JPG 类型文件；')"> <br/>
10      <input type="image" src="images/upload.png"/> <br/>
11   </form>
12   </body>
13   </html>
```

在 Chrome 浏览器中预览，效果如图 5-5 所示。

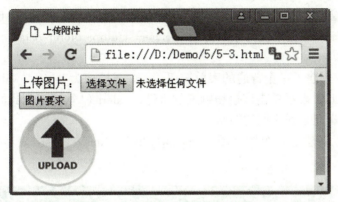

图 5-5　上传附件页面实例效果

单击"上传图片"后的"选择文件"按钮，将弹出"打开"对话框，如图 5-6 所示，在此对话框中可以选择上传的图片文件。

图 5-6　"打开"对话框

单击"图片要求"按钮，将会弹出如图 5-7 所示的提示窗口，提示用户上传文件的要求。

图 5-7　提示窗口

单击页面下方的图片，将会提交表单。

代码第 9 行，创建了一个文件域，用于上传文件，其 type 属性值是 file。当使用文件域 file 时，必须在 <form> 标签中说明编码方式 enctype="multipart/form-data"，这样服务器才能接收到正确的信息。

代码第 10 行，创建了一个普通的表单按钮，type 属性值为 button，value 属性值是显示在按钮上的文字，onclick 表示单击该按钮触发的事件，"alert（'欢迎来到我们的网站！'）"表示弹出窗口并显示"欢迎来到我们的网站！"。

代码第 11 行，创建了一个图片域，type 属性值为"image"，src 表示图片路径，其作用相当于提交按钮。

5.2.3　其他表单元素

其他表单元素如表 5-3 所示。

表 5-3　其他表单元素

标　签	含　义	说　明
textarea	多行文本输入框	主要用于输入较长的文本信息
select	下拉列表框	下拉列表是一种简单的带有预选值的下拉列表，能够在有限空间设置多个选项

【例 5-4】制作入库单实例，代码如下所示（示例文件 5-4.html）。

```
1    <!DOCTYPE html>
2    <html lang="en">
3    <head>
4        <meta charset="UTF-8">
5        <title> 入库单 </title>
6        <style type="text/css">
7            body{line-height:30px;}
8        </style>
9    </head>
10   <body>
11       <form method="post" action="">
12           <h1> 入库单 </h1>
```

```
13              入库产品编号: <br/>
14              <input type="text" size="20" maxlength="15"/><br/>
15              请选择所入仓库: <br/>
16              <select name="stock">
17              <option value="stock1">仓库一</option>
18              <option value="stock2">仓库二</option>
19              <option value="stock3" selected="selected">仓库三</option>
20              </select><br/>
21              请选择经手库管员: <br/>
22              <select name="stockman" size ="3">
23              <option value="stockman1">张金红</option>
24              <option value="stockman2">李颖</option>
25              <option value="stockman3">王占坤</option>
26              </select><br/>
27              入库原因: <br/>
28              <textarea rows="5" cols="30">填写货物来源</textarea><br/>
29              <input type="submit" value="入库"/>
30          </form>
31  </body>
32  </html>
```

在 Chrome 浏览器中预览,效果如图 5-8 所示。

图 5-8　入库单实例效果

第 16-20 行创建了一个下拉列表,下拉列表是一种简单的带有预选值的下拉列表,能够在有限空间设置多个选项,由 <select> 和 <option> 这两个标签配合使用,<select> 表示整个列表,<option> 表示一个列表项。

第 16 行的 <select> 表示列表的开始,name 属性表示列表的名称。

第 17~19 行是三个列表项，Value 属性表示选项值，Selected 表示是否被选中。

第 20 行的 </select> 表示列表的结束。

第 22~26 行创建了一个可以同时显示三条记录的列表，它的写法与仓库列表类似，不同之处是在 select 标签后面加上 size 属性：<select name="stockman" size ="3" >，表示下拉列表展开，可见列表项数目为 3。

第 28 行创建了一个文本区域，标签是 <textarea></teaxtarea>，rows 属性定义文本框的高度，cols 属性定义文本框的宽度，单位是单个字符数。在该语法中，不能使用 value 属性来建立一个在文本域中显示的初始值，这一点跟单行文本框不一样。

5.2.4 表单高级元素

input 标签还有一些高级应用，如表 5-4 所示。

表 5-4　input 标签的 type 其他属性值列表

type 值	含　义	说　明
url	URL 地址输入框	要求输入网站网址，在提交表单时，会自动验证是否是 URL 地址
email	E-mail 地址输入框	要求输入 E-mail 地址，在提交表单时，会自动验证是否是 E-mail 地址
date	日期选择框	选择一个日期
time	时间选择框	选择一个时间
number	数字输入框	用户可以直接输入数字，也可以通过上下箭头选择数字
required	必填项	表示该项必须填写

【例 5-5】将上例的入库单继续完善一下，修改成如图 5-9 所示效果，增加了入库日期、入库时间、入库数量、入库产品合格率等内容（示例文件 5-5.html）。

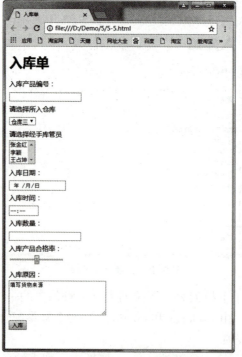

图 5-9　修改后的入库单实例效果

在【例 5-4】的 26 行之后插入如下代码：

```
27 入库日期：<br/>
28 <input type="date" name="indate"/><br/>
29 入库时间：<br/>
30 <input type="time" name="intime"/><br/>
31 入库数量：<br/>
32 <input type="number" name="num"/><br/>
33 入库产品合格率：<br/>
34 <input type="range" min="1" max="100" step="2" name="qualified"/><br/>
```

实例解析

第 28 行创建了日期选择框，type 属性值为 date，用户单击输入框中的向下按钮，即可在弹出的窗口中选择需要的日期，也可以通过微调按钮选择日期。

第 30 行创建了时间选择框，type 属性值为 time，用户可以直接输入时间，也可以点击右侧的微调按钮，选择时间。

第 32 行创建了数字选择框，type 属性值为 number，用户可以直接输入数字，也可以单击微调按钮上下选择合适的数值。

第 34 行创建了一个滑块控件，type 属性值为 range，min 属性表示滑块的最小数值，max 属性值表示滑块的最大数值，step 属性表示滑块梯度的大小。

【例 5-6】验证 URL 地址和 email 地址的功能实例，代码如下所示（示例文件 5-6.html）。

```
1  <!DOCTYPE html>
2  <html lang="en">
3  <head>
4      <meta charset="UTF-8">
5      <title>验证地址</title>
6      <style type="text/css">
7          body{line-height:30px;}
8      </style>
9  </head>
10 <body>
11     <form method="post" action="">
12         验证一个网址：<br/>
13         <input type="url" name="user_date" required="required"/><br/>
14         验证邮箱地址：<br/>
15         <input type="email" name="user_email" required="required"/><br/>
16         <input type="submit" value=" 提交 "/>
17     </form>
18 </body>
19 </html>
```

在 Chrome 浏览器中预览，效果如图 5-10 所示。

图 5–10　验证地址实例效果

第 13 行创建了 URL 地址输入框，type 属性值为 url，如果在此输入的不是网站地址，当单击提交按钮时，会弹出错误提示。required 属性值为"required"，表示该项不能为空，用户如果没填写这一项，就单击"提交"按钮，将弹出提示信息。

第 15 行创建了 email 地址输入框，type 属性值为 email，如果在此输入的不是邮箱地址，在提交表单时，会弹出错误提示。

5.3　项目实施

利用所学的表单知识制作网上银行注册页面，如图 5–11 所示。

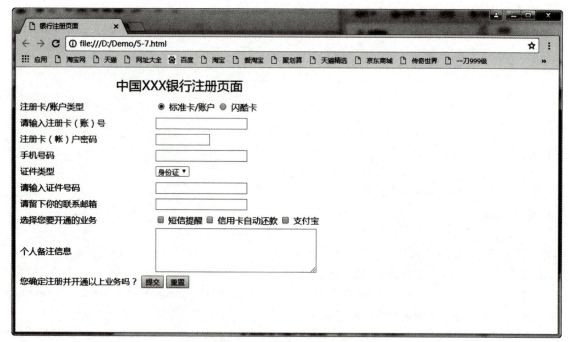

图 5–11　网上银行注册页面

具体操作步骤如下。

（1）打开 Sublime 编辑器，新建一个文件，保存文件名为"5-7.html"。

（2）输入"！"或"html:5"，按 Tab 键，会自动完成 html 基本代码填充，更改 head 标签中的 title 标签的内容为"银行注册页面"。

```
1  <!DOCTYPE html>
2  <html lang="en">
3  <head>
4      <meta charset="UTF-8">
5      <title>银行注册页面</title>
6  </head>
7  <body>
8  </body>
9  </html>
```

(3)在 body 标签中,先插入 form 表单,再在 form 表单中插入 10 行 2 列的表格,在表格中填写内容。

```
1  <form method="post" action="">
2      <table width="600" border="0" cellspacing="0" cellpadding="0">
3          <caption>
4          中国 XXX 银行注册页面
5          </caption>
6          <tr>
7              <td width="255px">注册卡/账户类型</td>
8              <td width="345px">
9                  <input type="radio" name="type" value="standard" checked="checked" id="type_0">
10                 <label for="type_0">标准卡/账户</label>
11                 <input type="radio" name="type" value="fast" id="type_1">
12                 <label for="type_1">闪酷卡</label>
13             </td>
14         </tr>
15         <tr>
16             <td>请输入注册卡(账)号</td>
17             <td><input type="text" name="account" required="required"></td>
18         </tr>
19         <tr>
20             <td>注册卡(帐)户密码</td>
21             <td><input type="password" name="password" size="10" required="required"></td>
22         </tr>
23         <tr>
24             <td>手机号码</td>
25             <td><input type="text" name="telephone"></td>
26         </tr>
```

```
27              <tr>
28                  <td>证件类型</td>
29                  <td>
30                      <select name="card">
31                          <option value="idcard" selected="selected">身份证</option>
32                          <option value="certificate">军官证</option>
33                      </select>
34                  </td>
35              </tr>
36              <tr>
37                  <td>请输入证件号码</td>
38                  <td><input type="text" name="card_number" required="required"></td>
39              </tr>
40              <tr>
41                  <td>请留下你的联系邮箱</td>
42                  <td><input type="email"></td>
43              </tr>
44              <tr>
45                  <td>选择您要开通的业务</td>
46                  <td>
47                      <input type="checkbox" name="business" value="business_0" id="business_0">
48                      <label for="business_0">短信提醒</label>
49                      <input type="checkbox" name="business" value="business_1" id="business_1">
50                      <label for="business_1">信用卡自动还款</label>
51                      <input type="checkbox" name="business" value="business_2" id="business_2">
52                      <label for="business_2">支付宝</label>
53                  </td>
54              </tr>
55              <tr>
56                  <td>个人备注信息</td>
57                  <td>
58                      <textarea name="textarea" cols="40" rows="5"></textarea>
59                  </td>
60              </tr>
61              <tr>
62                  <td colspan="2">
```

```
63                     您确定注册并开通以上业务吗?
64                     <input type="submit" name="button_0" value=" 提交 ">
65                     <input type="reset" name="button_1" value=" 重置 ">
66                 </td>
67             </tr>
68         </table>
69 </form>
```

银行注册页面

第 1 行代码创建了一个表单,将所有的表格以及表单元素都放在表单标签 <form> 中,表单结束行在第 69 行。

第 2-68 行代码创建一个 10 行 2 列的表格。

第 3-5 行创建表格标题。

第 6-14 行代码定义了表格第一行,第 7 行定义的是第一个单元格,第 8-13 行定义了第二个单元格,其中是一个单选按钮组,包含两个单选项。

第 15-18 行代码定义了表格第二行,第 16 行定义的是第一个单元格,第 17 行定义了第二个单元格,其中是一个文本框。

第 19-22 行代码定义了表格第三行,第 20 行定义了第一个单元格,第 21 行定义了第二个单元格,其中是一个密码框。

第 23-26 行代码定义了表格第四行,第 24 行定义了第一个单元格,第 25 行定义了第二个单元格,其中是一个文本框。

第 27-35 行代码定义了表格第五行,第 28 行定义了第一个单元格,第 29-34 行定义了第二个单元格,其中是一个列表框,包含两个列表项。

第 36-39 行代码定义了表格第六行,第 37 行定义了第一个单元格,第 38 行定义了第二个单元格,其中是一个文本框。

第 40-43 行代码定义了表格第七行,第 41 行定义了第一个单元格,第 42 行定义了第二个单元格,其中是一个 email 地址输入框。

第 44-54 行代码定义了表格第八行,第 45 行定义了第一个单元格,第 46-53 行定义了第二个单元格,其中是一个复选框组,包含三个复选项。

第 55-60 行代码定义了表格第九行,第 56 行定义了第一个单元格,第 57-59 行定义了第二个单元格,其中是一个文本域。

第 61-67 行代码定义了表格第十行,第 62 行定义了第一个单元格,第 63-66 行定义了第二个单元格,其中是两个按钮,一个提交按钮,另一个是重置按钮。

(4)在 head 标签中,先插入 style 标签,再在 style 标签中书写样式。

```
1 <style type="text/css">
2     caption{
3         font-size:24px;
4         line-height:50px;
5     }
6     td{height:30px;}
7 </style>
```

> 实例解析

第 2-6 行设置了表格标题的样式，标签选择器为 caption，第 4 行设置了文字大小为 24 像素（font-size: 24px;）；第 5 行设置了标题文字行高为 50 像素（line-height: 50px;）。

第 7-9 行设置了单元格的样式，高为 30 像素（height: 30px;）。

5.4 项目拓展

通过项目实施，表单以及表单元素的标签、属性已经基本掌握，如何能让表单在内容完整的同时又能美化一点呢？这就要结合 css 进行样式设置，此项目拓展制作如图 5-12 所示的调查问卷。

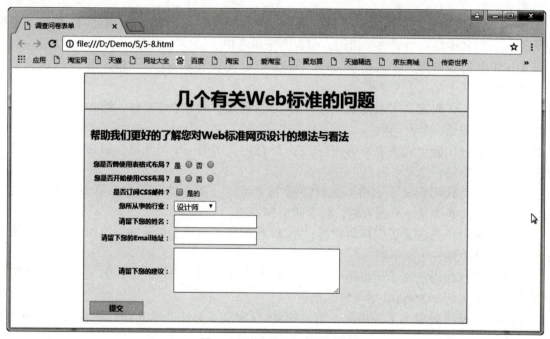

图 5-12 调查问卷页面效果

具体操作步骤如下。

（1）分析需求。首先要创建一个大的 div 块，需要给块设置背景和边框，然后创建标题、表单及具有布局作用的表格。

（2）新建 html 网页文件，保存文件为 "5-8.html"，输入 "！" 按 Tab 键，修改 title 标签内容。

```
1   <!DOCTYPE html>
2   <html lang="en">
3   <head>
4       <meta charset="UTF-8">
5       <title>调查问卷表单</title>
6   </head>
7   <body>
```

```
8    </body>
9  </html>
```

（3）在 body 中，插入 id 为 layout 的 div 块，在 div 中创建表单，在表单中创建表格，将内容填入表格中。

```
1  <div id="layout">
2      <h1>几个有关 Web 标准的问题</h1>
3      <h3>帮助我们更好地了解您对 Web 标准网页设计的想法与看法</h3>
4      <form method="post" action="">
5          <table cellspacing="0" cellpadding="0">
6              <tr>
7                  <th>您是否曾使用表格式布局？</th>
8                  <td>
9                      <label for="c1_0">是</label>
10                     <input name="c1" type="radio" value="yes" id="c1_0"/>
11                     <label for="c1_1">否</label>
12                     <input name="c1" type="radio" value="no" id="c1_1"/>
13                 </td>
14             </tr>
15             <tr>
16                 <th>您是否开始使用 CSS 布局？</th>
17                 <td>
18                     <label for="c2_0">是</label>
19                     <input name="c2" type="radio" value="yes" id="c2_0"/>
20                     <label for="c2_1">否</label>
21                     <input name="c2" type="radio" value="no" id="c2_1"/>
22                 </td>
23             </tr>
24             <tr>
25                 <th>是否订阅 CSS 邮件？</th>
26                 <td>
27                     <input name="submail" type="checkbox" value="sub" id="sub"/>
28                     <label for="sub">是的</label>
29                 </td>
30             </tr>
31             <tr>
32                 <th>您所从事的行业：</th>
33                 <td>
34                     <select name="job">
35                         <option selected="selected" value="job_0">设计师</option>
36                         <option value="job_1">程序员</option>
```

```
37                    <option value="job_2">总监</option>
38                    <option value="job_3">美术编辑</option>
39                    <option value="job_4">项目经理</option>
40                  </select>
41                </td>
42            </tr>
43            <tr>
44                <th>请留下您的姓名：</th>
45                <td><input type="text" name="name" class="textInput"/></td>
46            </tr>
47            <tr>
48                <th>请留下您的Email地址：</th>
49                <td><input name="email" type="text" class="textInput"/></td>
50            </tr>
51            <tr>
52                <th>请留下您的建议：</th>
53                <td><textarea cols="40" rows="5" name="comment" class="textStyle"></textarea></td>
54            </tr>
55        </table>
56        <input type="submit" value="提交" class="submitBut"/>
57    </form>
58 </div>
```

实例解析

第1行代码表示一个div块的开始，id为"layout"，第60行表示块的结束。

第2-3行代码定义了两个标题文字，分别为一级标题和三级标题。

第4-59行代码定义了表单，第4行为表单的开始，第59行为表单的结束。

第5-57行代码定义了7行2列表格，第5行定义了表格的开始，第57行为表格的结束。

第6-14行代码定义了表格的第一行，第7行为第一个单元格，6-14行定义了第二个单元格，其中是一个单选按钮组，name值为"c1"。

第15-23行代码定义了表格第二行，第7行为第一个单元格，第17-22行定义了第二个单元格，其中是一个单选按钮组，name值为"c2"，包含两个单选项。

第24-30行代码定义了表格第三行，第25行为第一个单元格，第26-28行为第二个单元格，其中是一个复选框。

第31-42代码定义了表格第四行，第31行为第一个单元格，第32-40行为第二个单元格，其中是一个下拉列表框。

第43-46行代码定义了表格第五行，第46行为第一个单元格，第47行为第二个单元格，其中是一个文本框，用于输入姓名。

第 47-50 行代码定义了表格第六行，第 50 行为第一个单元格，第 51 行为第二个单元格，其中是一个 email 地址输入框。

第 51-54 行代码定义了表格第七行，第 54 行为第一个单元格，第 55 行为第二个单元格，其中是一个多行文本输入框，用于输入建议。

第 56 行代码定义了提交按钮。

（4）在 head 中插入 css 样式代码如下：

```
1  <style>
2   #layout{
3       width:700px;
4       margin:0 auto;
5       background-color:#F6F6F6;
6       border:2px solid #8FC629;
7   }
8   h1{
9       border-bottom:2px solid #8FC629;
10          text-align:center;
11      }
12      h3{padding:10px;}
13      table{width:500px;font-size: 12px;}
14      th,td{padding:3px;}
15      th{text-align:right;}
16      .textInput{
17          width:150px;
18          height:20px;
19          border:1px solid #58805f;
20      }
21      .textStyle{border:1px solid #58805f;}
22      .submitBut{
23          width:100px;
24          height:25px;
25          margin:10px;
26          font-weight:bold;
27          border:2px solid #abd8b3;
28      }
29  </style>
```

调查问卷表单

实例解析

第 2-7 行设置了 ID 名为"layout"的 div 块样式，宽为 700 像素（width:700px;）；居中显示（margin:0 auto;）；背景颜色灰色（background-color:#F6F6F6;）；边框为 2 像素的黄绿色实线边框（border:2px solid #8FC629;）。

第 8-11 行设置了标题 h1 的样式，下边框为 2 像素的黄绿色实线边框（border-bottom:2px

solid #8FC629;）；文本对齐方式为居中对齐（text-align:center;）。

第 12 行设置了标题 h3 的样式，内边距为 10 像素（padding:10px;）。

第 13 行设置了表格 table 的样式，宽为 500 像素，字号为 12 像素（width:500px;font-size:12px;）。

第 14 行设置了标题行单元格 th，普通单元格的样式 td 内边距为 3 像素（padding:3px;）。

第 15 行设置了标题行单元格 th 的样式，文本右对齐（text-align:right;）。

第 16-20 行设置了类名为 .textInput 的姓名输入框和 email 地址框的样式，宽为 150 像素（width:150px;），高为 20 像素（height:20px;），边框为 1 像素的青色实线边框（border:1px solid #58805f;）。

第 21 行设置类名为 .textStyle 的文本框边框为 1 像素的青色实线边框（border:1px solid #58805f;）。

第 22-28 行设置了类名为 .submitBut 的按钮的样式宽为 100 像素（width:100px;）；高为 25 像素（height:25px;）；外边距为 10 像素（margin:10px;）；文字加粗（font-weight:bold;）；边框为 2 像素的青色实线边框（border:2px solid #abd8b3;）。

5.5 项目小结

本项目通过项目实施和项目拓展制作了银行注册页面和用 CSS 样式修饰过的调查问卷页面，学习了 HTML 中表单、各种表单元素及一些高级属性的应用，也学习了一些 CSS 样式的新用法。

本项目知识点总结如表 5-5 所示。

表 5-5 表单标签格式总结

标　签	属　性	说　明
form	name	表单名称
	action	表单提交地址
	method	提交表单的 HTTP 方法，取值为 get 或 post
	target	目标显示方式：_self、_blank、_parent、_top
	enctype	编码方式
input	type	text	单行文本框
		password	密码
		checkbox	复选框
		radio	单选按钮
		button	普通按钮
		submit	提交按钮
		reset	重置按钮
		image	图像域
		file	上传按钮

续表

标 签	属 性	说 明	
input	type	hidden	隐藏字段
		URL	URL 地址输入框
		email	E-mail 地址输入框
		date	日期选择框
		time	时间选择框
		number	数字输入框
		range	滑条控件
		required	必填项
textarea	rows	文本框的高度	
	cols	文本框的宽度	
select	selected	下拉列表选中项	
	value	值	

5.6 技能训练

通过测试练习环节，对本项目涉及的英文单词进行重复练习，既可以熟悉 html 标签的单词组合，也可以提高代码输入的速度和正确率。

在浏览器中打开素材中的 Exercise5.html 文件，单击"开始打字测试"按钮，在文本框输入上面的单词，输入完成后，单击"结束/计算速度"按钮即可显示所用时间、错误数量和输入速度等信息。

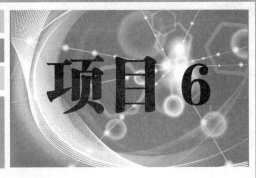

项目 6

CSS 3 的选择器

- ■项目描述
- ■知识准备
- ■项目实施
- ■项目拓展
- ■项目小结
- ■技能训练

6.1 项目描述

CSS 是用于增强和控制网页样式并将样式信息与网页内容分离的一种标记性语言。引用样式表的目的，是将"网页结构代码"和"网页样式代码"分离开，从而使网页设计者可以对网页布局进行更多的控制。利用样式表，可以将整个站点上的所有网页都指向某个 CSS 文件，然后设计者只需要修改 CSS 文件中的某一行，整个网站上对应的样式都会随之发生改变。

> **本项目学习要点** ➡
> 1. CSS 的引用方法；
> 2. CSS 的常用选择器；
> 3. CSS 3 新增选择器；
> 4. 伪类选择器。

6.2 知识准备

CSS（Cascading Style Sheet）称为层叠样式表，也称为 CSS 样式表（或样式表），文件扩展名为 .css。CSS 发展到今天的最新版本是 CSS 3.0，CSS 3 具有强大的功能。

CSS 3 是对页面布局、字体、颜色、背景和其他图文效果的实现提供更加精确控制的一种技术。以前需要使用图片或者 JavaScript 来实现的效果，现在只需要几条 CSS 代码就能完成。

6.2.1 CSS 3基本语法

CSS 3 样式表是由若干条规则组成的，这些规则可以应用到不同的元素或文档中来定义它们显示的外观。

每一条样式规则由三部分组成：选择器（selector）、属性（properties）和属性值（value），格式如下：

```
选择器 { 样式属性：属性值；}
```

选择器：可以采用多种形式，可以为文档中的 HTML 标签，如 <body>、<p> 等，也可以是 class、id 标签。

样式属性：是选择器指定的标签所包含的属性。

属性值：如果定义选择器的多个属性，则属性和属性值为一组，组与组之间用分号（;）隔开。格式如下：

```
选择器
{
    样式属性1：取值1；
    样式属性2：取值2；
    ……
}
```

例如，下面的一条样式规则：

```
p{font-size:12px;color:red;}
```

该样式规则表示：选择器是 p，即为段落标签 <p> 提供样式；font-size 为文本设置字体大小，12px 为属性值；color 为文字设置颜色，red 为属性值。

6.2.2　CSS 3引用方法

CSS 3 样式控制 HTML 5 页面可以达到非常好的样式效果，其使用方法通常包括行内样式、内嵌样式和链接样式。

1. 行内样式

使用行内样式的具体方法是直接在 HTML 5 标签中使用 style 属性，该属性的内容是 CSS 的属性和值。尽管行内样式简单，但是不常使用，因为这样添加无法完全发挥样式的文件"内容结构与样式控制代码"分离的优势，而且这种方式也不利于样式的重用，后期维护成本高，故不推荐使用。格式如下：

```
<p style="color:red;">段落文字</p>
```

2. 内嵌样式

内嵌样式是将 CSS 样式代码添加到 <head> 与 </head> 之间，并且用 <style> 和 </style> 标签进行声明。这种写法虽然没有完全实现页面内容和样式控制代码完全分离，但可以设置一些比较简单的样式，并统一页面样式。格式如下：

```
<head>
  <style type="text/css">
    p{
        color:red;
        font-size:12px;
    }
  </style>
</head>
```

3. 链接样式

链接样式是 CSS 中使用频率最高，也是最实用的方法，它能很好地将"页面内容"和"样式风格代码"分离成两个文件或多个文件，实现了页面框架 HTML 5 代码和 CSS 3 代码的完全分离，使前期制作和后期维护都非常方便。

链接样式是指在外部定义 CSS 样式表并形成以 .css 为扩展名的文件，然后在页面中通过 <link> 链接标签链接到页面中，而且该链接语句必须放在页面的 <head> 标签中，格式如下：

```
<link rel="stylesheet" type="text/css" href="style.css">
```

其中 rel 指链接到样式表，其值为 stylesheet；type 表示样式类型为 CSS 样式表；href 指定 CSS 样式表所在的位置。

【例 6-1】CSS 引用方法实例，代码如下所示（示例文件 6-1.html）。

```
1  <!DOCTYPE html>
2  <html lang="en">
```

```
3   <head>
4       <meta charset="UTF-8">
5       <title>在 HTML5 中使用 CSS 的方法</title>
6       <link rel="stylesheet" type="text/css" href="css/style.css">
7       <style type="text/css">
8           p{
9               color:red;
10              font-size:14px;
11          }
12      </style>
13  </head>
14  <body>
15      <div style="width:240px;font-size:18px;background:red;">
16          这是使用行内样式的文字样式
17      </div>
18      <p>这是使用内嵌样式的段落文字样式</p>
19      <span>这是使用链接样式的文字样式</span>
20  </body>
21  </html>
```

第 6 行链接的外部 CSS 文件是位于 css 文件夹下的 style.css 文件，代码如图 6-1 所示。

图 6-1　链接外部文件

在浏览器中预览效果如图 6-2 所示。

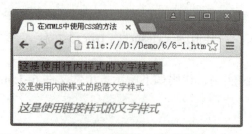

图 6-2　在 HTML 5 中使用 CSS 的方法实例页面

CSS的引用方法

4. 优先级问题

如果一个页面采用了多种 CSS 方式，如上例中使用行内样式、内嵌样式和链接样式。当这几种样式同时作用于一个标记时，就会出现优先级问题，究竟采用哪种样式。

【例 6-2】CSS 3 优先级实例，代码如下所示（示例文件 6-2.html）。

```
1   <!DOCTYPE html>
2   <html lang="en">
3   <head>
4       <meta charset="UTF-8">
5       <title>CSS3 优先级实例</title>
6       <link rel="stylesheet" type="text/css" href="css/style1.css">
7       <style type="text/css">
8           p{
9               color:red;
10              font-size:12px;
11          }
12      </style>
13  </head>
14  <body>
15      <p style="font-size:16px;color:green;">
16          样式优先级测试：<br>
17          行内样式优先级大于内嵌样式<br>
18      </p>
19      <p>
20          样式优先级测试：<br>
21          内嵌样式优先级大于链接样式<br>
22      </p>
23  </body>
24  </html>
```

第 6 行链接的外部 CSS 文件是位于 css 文件夹下的 style1.css 文件，代码如下。

```
1   p{
2       font-size:20px;
3       color:green;
4   }
```

在浏览器中预览效果如图 6-3 所示。

图 6-3　CSS 3 优先级实例页面

6.2.3 CSS 3常用选择器

CSS 选择器的功能就是把所需要的标签选中，然后操作选中标签的 CSS 样式。

所有 HTML 5 中的标签都可以通过不同的 CSS 3 选择器进行控制，选择器不仅仅是 HTML 5 文档中的元素标签，还可以是类（class）、ID 或元素某种状态。根据 CSS 选择器的用途不同，可以把选择器分为标签选择器、类选择器、ID 选择器、全局选择器和伪类选择器等。

1. 标签选择器

HTML 5 文档是由多个不同的标签组成的，CSS 3 的标签选择器就是声明哪个标签使用什么样式。标签选择器也称为元素选择器，就是"选中"相同的元素，然后对相同的元素设置同一个 CSS 样式。基本形式如图 6-4 所示。

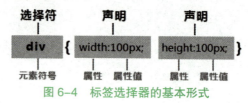

图 6-4　标签选择器的基本形式

【例 6-3】标签选择器实例，代码如下所示（示例文件 6-3.html）。

```
1   <!DOCTYPE html>
2   <html lang="en">
3   <head>
4       <meta charset="UTF-8">
5       <title>标签选择器实例</title>
6       <style>
7           body{font-family:"微软雅黑";font-size:16px;}
8           div{width:100px;height:50px;background:red;}
9       </style>
10  </head>
11  <body>
12      <div>
13          标签选择器
14      </div>
15      <p>div{width:100px;height:50px;background:red;}</p>
16  </body>
17  </html>
```

在浏览器中预览效果如图 6-5 所示。

图 6-5　标签选择器实例页面

2. 类选择器

在一个页面中，使用标签选择器会控制该页面中所有的同名标签的显示样式。如果需要同名标签显示不同的样式，此时，仅使用标签选择器是不能达到效果的，还需要使用类（Class）选择器。

类选择器用来为一系列类名相同的标签定义相同的显示样式，基本形式如图 6-6 所示。

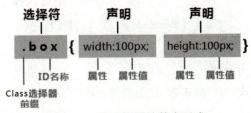

图 6-6　类选择器的基本形式

类选择器的名称由编写者自己命名，前面必须要加上前缀"."（英文点号），表明这是一个类选择器，否则该选择器无法生效。

【例 6-4】类选择器实例，代码如下所示（示例文件 6-4.html）。

```
1  <!DOCTYPE html>
2  <html lang="en">
3  <head>
4      <meta charset="UTF-8">
5      <title>类选择器实例</title>
6      <style>
7          body{font-family:"微软雅黑";font-size:16px;}
8          .box{width:100px;height:50px;background:green;}
9      </style>
10 </head>
11 <body>
12     <div class="box">
13         类选择器
14     </div>
15     <p>.box{width:100px;height:50px;background:green;}</p>
16 </body>
17 </html>
```

在浏览器中预览效果如图 6-7 所示。

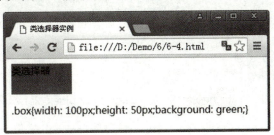

图 6-7　类选择器实例页面

3. ID 选择器

在网页设计中，可以为元素设置一个 ID，然后针对这个 ID 进行 CSS 样式设置。由于 ID 选择器定义的是某一特定的 HTML 元素，因此在同一个页面中不允许出现两个相同的 ID。基本形式如图 6-8 所示。

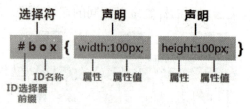

图 6-8　ID 选择器的基本形式

ID 选择器的名称由编写者自己命名，前面必须要加上前缀"#"，表明这是一个 ID 选择器，否则该选择器无法生效。

【例 6-5】ID 选择器实例，代码如下所示（示例文件 6-5.html）。

```
1  <!DOCTYPE html>
2  <html lang="en">
3  <head>
4      <meta charset="UTF-8">
5      <title>ID 选择器实例 </title>
6      <style>
7          body{font-family:" 微软雅黑 ";font-size:16px;}
8          #box{width:100px;height:50px;background:blue;color:white;}
9      </style>
10 </head>
11 <body>
12     <div id="box">
13         ID 选择器
14     </div>
15     <p>#box{width:100px;height:50px;background:blue;color:white;}</p>
16 </body>
17 </html>
```

在浏览器中预览效果如图 6-9 所示。

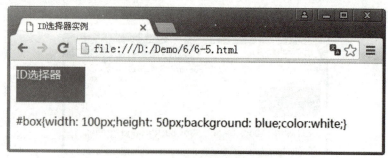

图 6-9　ID 选择器实例页面

4. 全局选择器

如果一个页面中的所有 HTML 标签都使用一种样式，可以使用全局选择器。基本形式如下：

```
*{属性：值；}
```

"*"表示设置的样式对所有元素都起作用。

5. 伪类选择器

伪类选择器定义的样式通常用在 <a> 标签上，表示链接的 4 种不同的状态：未访问链接（link）、已访问链接（visited）、激活链接（active）和鼠标指向链接（hover）。基本形式如下：

```
a:状态名称{属性：值；}
```

【例 6-6】全局和伪类选择器实例，代码如下所示（示例文件 6-6.html）。

```
1  <!DOCTYPE html>
2  <html lang="en">
3  <head>
4      <meta charset="UTF-8">
5      <title> 全局、伪类选择器 </title>
6      <style>
7          *{font-family:" 微软雅黑 ";font-size:12px;}
8          a:link{color:red;}
9          a:visited{color:green;}
10         a:active{color:blue;}
11         a:hover{font-size:16px;color:#f0f; }
12     </style>
13 </head>
14 <body>
15     <a href="#"> 链接到本页 </a><br>
16     <a href="http://www.baidu.com"> 链接到百度 </a>
17 </body>
18 </html>
```

在浏览器中预览效果如图 6-10 所示。

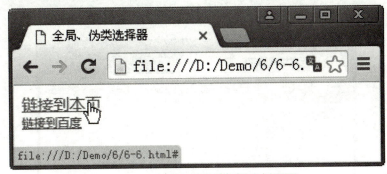

图 6-10　全局和伪类选择器实例页面

6. 组合选择器

对多种选择器进行组合在一起，就构成组合选择器。组合选择器只是一种组合形式，并不算是真正的选择器，但是在网页设计中经常用到。

（1）子元素选择器。子元素选择器即为某元素下的子元素，对该子元素设置 CSS 样式，基本形式如图 6-11 所示。

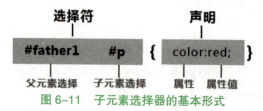

图 6-11　子元素选择器的基本形式

父元素与子元素必须用空格隔开，用来表示某元素下的子元素。

【例 6-7】子元素选择器实例，代码如下所示（示例文件 6-7.html）。

```
1  <!DOCTYPE html>
2  <html lang="en">
3  <head>
4      <meta charset="UTF-8">
5      <title>子元素选择器实例</title>
6      <style>
7          #father{color:red;}
8          #father p{color:green;}
9      </style>
10 </head>
11 <body>
12     <div id="father">
13         <div>子元素选择器</div>
14         <div>子元素选择器</div>
15         <p>子元素选择器</p>
16     </div>
17 </body>
18 </html>
```

在浏览器中预览效果如图 6-12 所示。

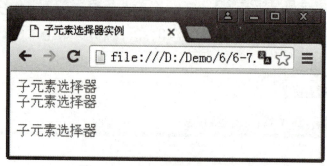

图 6-12　子元素选择器实例页面

（2）相邻选择器。相邻选择器即为某元素的兄弟元素，相邻选择器的操作对象是该元素的同级元素。基本形式如图 6-13 所示。

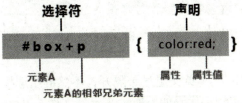

图 6-13 相邻选择器的基本形式

【例 6-8】相邻选择器实例，代码如下所示（示例文件 6-8.html）。

```
1  <!DOCTYPE html>
2  <html lang="en">
3  <head>
4       <meta charset="UTF-8">
5       <title>相邻选择器实例</title>
6       <style>
7            #box{color:red;}
8            #box+p{color:green;}
9       </style>
10 </head>
11 <body>
12      <div id="box">
13           <div>相邻选择器</div>
14           <div>相邻选择器</div>
15      </div>
16      <p>相邻选择器</p>
17 </body>
18 </html>
```

在浏览器中预览效果如图 6-14 所示。

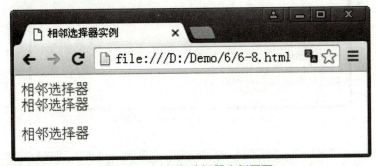

图 6-14 相邻选择器实例页面

（3）群组选择器。群组选择器即为同时对几个选择器进行相同的 CSS 样式设置，基本形式如图 6-15 所示。

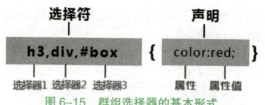

图 6-15　群组选择器的基本形式

两个选择器之间必须用","（英文逗号）隔开，不然群组选择器无法生效。

【例 6-9】群组选择器实例，代码如下所示（示例文件 6-9.html）。

```
1  <!DOCTYPE html>
2  <html lang="en">
3  <head>
4      <meta charset="UTF-8">
5      <title>群组选择器实例</title>
6      <style>
7          h3,div,#box,p{color:red;}
8      </style>
9  </head>
10 <body>
11     <h3>群组选择器</h3>
12     <div id="box">群组选择器</div>
13     <div>群组选择器</div>
14     <p>群组选择器</p>
15 </body>
16 </html>
```

在浏览器中预览效果如图 6-16 所示。

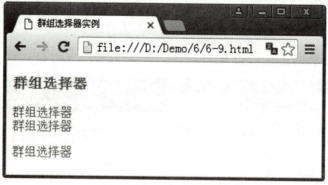

图 6-16　群组选择器实例页面

6.2.4　CSS 3新增选择器

CSS 3 相对于 CSS 2 增加了三大类选择器：属性选择器、结构伪类选择器和 UI 元素状态伪类选择器。使用新增的这些 CSS 3 选择器，能够使用户操作元素更加方便，并且可以减轻 ID 和 class 的泛滥成灾的现象。下面分别学习 CSS 3 新增的选择器。

1. 属性选择器

属性选择器，顾名思义就是通过属性来选择元素的一种方式。其实属性选择器在 CSS2 中已经存在了，而 CSS3 在 CSS2 的基础上对属性选择器进行了扩展，新增了 3 个属性选择器，支持除 IE6 外的大部分浏览器，如表 6-1 所示。

表 6-1　CSS 3 新增的属性选择器

属性选择器	说　明
E[attr^="val"]	属性 attr 的值以 "val" 开头的元素
E[attr$="val"]	属性 attr 的值以 "val" 结尾的元素
E[attr*="val"]	属性 attr 的值包含 "val" 字符串的元素

表中 E 指的是元素名 Element；attr 指的是属性名 attribute；val 指的是属性值 values。

【例 6-10】属性选择器实例，代码如下所示（示例文件 6-10.html）。

```
1   <!DOCTYPE html>
2   <html lang="en">
3   <head>
4       <meta charset="UTF-8">
5       <title>属性选择器实例</title>
6       <style>
7           /* 匹配 href 属性以 i 开头的 a 元素 */
8           a[href^="i"]{color:red;}
9           /* 匹配 href 属性以 html 结尾的 a 元素 */
10          a[href$="html"]{font-size:20px;font-family:"微软雅黑";color:green;}
11          /* 匹配 href 属性包含字符串 3 的 a 元素 */
12          a[href*="3"]{background:silver;}
13      </style>
14  </head>
15  <body>
16      <ul>
17          <li><a href="index1.htm">项目一</a></li>
18          <li><a href="index2.html">项目二</a></li>
19          <li><a href="index3.php">项目三</a></li>
20      </ul>
21  </body>
22  </html>
```

在浏览器中预览效果如图 6-17 所示。

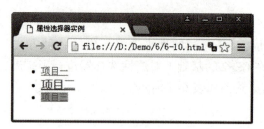

图 6-17　属性选择器实例页面

2. 结构伪类选择器

结构伪类选择器可以根据 DOM（文档对象模型）树中元素的相对关系来匹配特定的元素，如表 6-2 所示。

表 6-2　结构伪类选择器

选择器	功能描述
E:first-child	作为父元素的第一个子元素的元素 E，与 E:nth-child(1) 等同
E:last-child	作为父元素的最后一个元素的元素 E，与 E:nth-lat-child(1) 等同
E:root	匹配 E 元素所在文档的根元素。在 HTML 文档中，根元素始终是 html，此时该选择器与 html 类型选择器匹配的内容相同
E F:nth-child(n)	选择父元素 E 的第 n 个子元素 F，其中 n 可以是整数（1、2、3）、关键字（even、odd），也可以是公式（2n+1、-n+5），而且 n 起始值为 1 不是 0
E F:nth-last-child(n)	选择 n 的倒数第 n 个子元素。次选择器与 E F:nth-child(n) 选择器计算顺序刚好相反，但是使用方法都是一样的，其中，:nth-last-child(1) 始终匹配的是最后一个元素，与 :last-child 等同
E:nth-of-type(n)	选择父元素内具有指定类型的第 n 个 E 元素
E:nth-last-of-type(n)	选择父元素内具有指定类型的倒数第 n 个 E 元素
E:first-of-type	选择父元素内具有指定类型的第一个 E 元素，与 E:nth-of-type(1) 等同
E:only-child	选择父元素只包含一个子元素，且该子元素匹配 E 元素
E:only-of-type	选择父元素只包含一个同类型的子元素，且该子元素匹配 E 元素
E:empty	选择没有子元素的元素，且该元素也不包含任何文本节点

浏览器支持情况，结构伪类选择器在所有版本的 Firefox、Chrome、Safari、Opera，还有 IE9 及以上版本中支持。

结构伪类选择器中，有 4 个伪类选择器接受参数 n：

```
:nth-child(n)
:nth-last-child(n)
:nth-of-type(n)
:nth-last-of-type(n)
```

在实际应用中，这个参数可以是整数（1、2、3、4）、关键字（even，odd），还可以是公式(2n+1，-n+5)，但是无论是整数关键字还是公式最终其值都是从 1 开始，而不是 0。换句话说，当上述四个伪类选择器中参数 n 的值为 0（或者负值）时，选择器将选择不到任何的元素。

可以将结构伪类选择器中的参数按照常用情况分为以下 7 种情形。

① 参数 n 为具体的数值。

② 参数 n 为表达式 n*length。

③参数 n 为表达式 n+length。
④参数 n 为表达式 –n+length。
⑤参数 n 为表达式 n*length + b。
⑥参数 n 为关键词 odd。
⑦参数 n 为关键词 even。

3. UI 元素状态伪类选择器

UI 是用户界面（User Interface）的意思，UI 元素状态伪类选择器是指"UI 元素状态"这方面的伪类选择器。

UI 元素状态包括可用、不可用、选中、未选中、获取焦点、失去焦点等。

UI 元素状态伪类选择器的共同特征是：指定的样式只有当元素处于某种状态下时才起作用，在默认状态下不起作用。UI 元素状态伪类选择器大多数都是针对表单元素来使用的。

这里仅讲解 CSS 3 新增的 UI 元素状态伪类选择器，如表 6-3 所示。

表 6–3 UI 元素状态伪类选择器

选择器	说明
E:hover	指定鼠标指针经过（悬停）元素时的样式
E:active	指定鼠标单击（但未松开）元素时的样式
E:focus	指定元素获得光标焦点时使用的样式
E:checked	选择 E 元素中所有被选中的元素
E::selection	改变 E 元素中被选择的网页文本的显示效果
E:enabled	选择 E 元素中所有"可用"元素
E:disabled	选择 E 元素中所有"不可用"元素
E:read-write	选择 E 元素中所有"可读写"元素
E:read-only	选择 E 元素中所有"只读"元素
E::before	在 E 元素之前插入内容
E::after	在 E 元素之后插入内容

6.3 项目实施

通过此项目的学习，学习到 CSS 3 的基本语法结构和选择器的使用，结合这些知识制作一个包含标签选择器、class 选择器和 ID 选择器的实例。

具体操作步骤如下。

（1）启动 Sublime 程序，新建并保存文件名称为"6-11.html"。
（2）输入代码如下：

```
1   <!DOCTYPE html>
2   <html lang="en">
3   <head>
4       <meta charset="UTF-8">
5       <title>选择器实例</title>
6       <style>
7           *{margin:0px;padding:0px;color:white;font-family:"微软雅黑
```

```
 8                  div{width:100px;height:50px;background:red;}
 9                  .box{width:100px;height:50px;background:green;}
10                  #box{width:100px;height:50px;background:blue;}
11                  .wenben{width:400px;height:150px;position:absolute;left:100px;top:0px;
background:white;}
12                  p{color:#000;line-height:50px;}
13          </style>
14  </head>
15  <body>
16          <div>
17                  标签选择器
18          </div>
19          <div class="box">
20                  Class 选择器
21          </div>
22          <div id="box">
23                  ID 选择器
24          </div>
25          <div class="wenben">
26              <p>div{width:100px;height:50px;background:red;}</p>
27              <p>.box{width:100px;height:50px;background:green;}</p>
28              <p>#box{width:100px;height:50px;background:blue;}</p>
29          </div>
30  </body>
31  </html>
```

在浏览器中预览效果如图 6-18 所示。

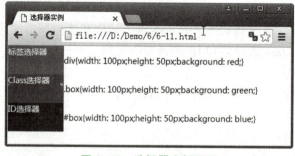

图 6-18　选择器实例页面

实例解析

以上代码第 6~13 行是内嵌式 CSS 样式部分。

第 7 行使用了全局选择器，设置了所有元素的内边距和外边距全都为 0（margin:0px;padding:0px;）、文本颜色为白色（color:white;）、字体为微软雅黑（font-family:"微软雅黑"；)、字体大小为 14 像素（font-size:14px;）。

第 8 行设置了所有 div 标签的宽度为 100 像素（width:100px;）、高度为 50 像素（height:50px;）、背景颜色为红色（background:red;）。

第 9 行设置了 class 名称为 box 的元素标签宽度为 100 像素（width:100px;）、高度为 50 像素（height:50px;）、背景颜色为绿色（background:green;）。

第 10 行设置了 ID 名称为 box 的元素标签宽度为 100 像素（width:100px;）、高度为 50 像素（height:50px;）、背景颜色为蓝色（background:blue;）。

第 11 行设置了 class 名称为 wenben 的元素标签宽度为 400 像素（width:400px;）、高度为 150 像素（height:150px;）、背景颜色为白色（background:white;）；定位方式为绝对定位（position:absolute;），开始位置为距左 100 像素距上 0 像素（left:100px;top:0px;），这是改变文档流的一种方法。

6.4 项目拓展

通过项目实施的学习，掌握了基本选择器的使用，结合前面学习过的表单知识，本项目拓展制作一个元素状态伪类选择器的实例。

具体操作步骤如下。

（1）启动 Sublime 程序，新建并保存文件名称为"6-12.html"。

（2）输入代码如下：

```html
1  <!DOCTYPE html>
2  <html lang="en">
3  <head>
4      <meta charset="UTF-8">
5      <title>元素状态伪类选择器</title>
6      <style>
7          div{border:1px solid green;width:400px;margin-top:10px;padding:5px;}
8          input[type="text1"]:hover  { /*鼠标经过（悬停）*/
9            background-color:pink;
10         }
11         input[type="text1"]:focus  { /*鼠标获得焦点（点击）并进行文字输入时*/
12           background-color:#ccc;
13         }
14         input[type="text1"]:active  { /*鼠标按下（按下还未松开）*/
15           background-color:yellow;
16         }
17         input[type="text2"]:enabled {/*选中时文本框为可用*/
18             background-color:pink;
19         }
20         input[type="text2"]:disabled {/*选中时文本框为不可用*/
21             background-color:#ccc;
```

```
22          }
23          input[type="checkbox"]:checked {/* 选中多选框时 */
24            outline:2px solid red;
25          }
26      </style>
27      <script>
28          function radio_onchange(){
29            var radio = document.getElementById('radio1');// 获得可用单选按钮的id
30            var text = document.getElementById('text2');// 获得文本框 id
31            if(radio.checked){
32              text.disabled = "enabled";// 选中时文本框为可用
33            }else{
34              text.disabled = "disabled";// 否则文本框为不可用
35            }
36          }
37      </script>
38  </head>
39  <body>
40      <div>
41          <p>鼠标经过、鼠标点击（但未松开）、鼠标获得焦点（点击松开）状态时元素的样式</p>
42          <label for="txt">姓名：</label>
43          <input type="text1" id="txt"><br><br>
44          <label for="address">地址：</label>
45          <input type="text1" id="address">
46      </div>
47
48      <div>
49          <p>点击可用按钮时，文本框背景色为pink；点击不可用按钮时，文本框背景色为灰色；</p>
50          <label for="radio1"> 可用 </label>
51            <input type="radio" name="radio" id="radio1" onchange="radio_onchange()">
52          <label for="radio2"> 不可用 </label>
53            <input type="radio" name="radio" id="radio2" onchange="radio_onchange()">
54          <br><input type="text2" id="text2">
55      </div>
56      <div>
57          <p>E:checked 是用来指定当表单中的 radio 单选框、checkbox 复选框处于选取状态时的样式 </p>
```

58	`        <label for="apple">苹果</label>`
59	`        <input type="checkbox" id="apple">`
60	`        <label for="banana">香蕉</label>`
61	`        <input type="checkbox" id="banana">`
62	`        <label for="chengzi">橙子</label>`
63	`        <input type="checkbox" id="chengzi">`
64	`        <label for="boluo">菠萝</label>`
65	`        <input type="checkbox" id="boluo">`
66	`    </div>`
67	`</body>`
68	`</html>`

在浏览器中预览效果如图 6-19 所示。

图 6-19　UI 元素状态伪类选择器实例页面

鼠标伪类选择器

单选按钮控制文本框状态

多选框被选中时改变样式

实例解析

以上代码第 6~26 行是内嵌式样式部分。

第 7 行设置 div 标签的样式为绿色的 1 像素实线边框（border:1px solid green）、宽度为 400 像素（width:400px）、上边距为 10 像素（margin-top:10px）、内边距为 5 像素（padding:5px）。

第 8~10 行设置鼠标经过 type 属性为 text1 的 input 标签时（input[type="text1"]:hover），文本框的背景颜色是粉色（background-color:pink）。

第 11~13 行设置鼠标获得 type 属性为 text1 的 input 标签的焦点时（input[type="text1"]:focus），文本框的背景颜色是灰色（background-color:#ccc）。

第 14~16 行设置鼠标按下但还未松开 type 属性为 text1 的 input 标签时（input[type="text1"]:active），文本框的背景颜色是黄色（background-color:yellow）。

第 17~19 行设置鼠标选中 type 属性为 text2 的 input 标签为可用时（input[type="text2"]:enabled），文本框的背景颜色是粉色（background-color:pink）。

第 20~22 行设置鼠标选中 type 属性为 text2 的 input 标签为不可用时（input[type=

"text2"]:disabled)，文本框的背景颜色是灰色（background-color:#ccc）。

第 23~25 行设置鼠标选中 type 属性为 checkbox 的 input 标签时（input[type="checkbox"]:checked)，多选框的轮廓设置为红色的 2 像素实线（outline:2px solid red）。

以上代码第 27~37 行为 JavaScript 脚本。

第 29 行将获得 ID 值为 radio1 的元素赋予变量 radio。

第 30 行将获得 ID 值为 text2 的元素赋予变量 text。

第 31~35 行判断 radio 是否被选中，如果选中则设置文本框为可用（text.disabled = " "），否则设置文本框为不可用（text.disabled = "disabled"）。

第 51、53 行定义 radio 按钮的状态发生变化（选中或者不选中）时，执行第 31~35 行的 JavaScript 代码。

6.5 项目小结

本项目通过项目实施和项目拓展制作了 CSS 3 的基础选择器和 CSS 3 的组合选择器两个案例，学习了 HTML 5 引入 CSS 的方法、CSS 3 的基本语法和 CSS 3 的基本选择器、属性选择器、结构伪类选择器、UI 元素状态伪类选择器等，掌握了行内样式、内嵌样式、链接样式，以及样式的优先级及各类选择器的应用方法。

本项目知识点总结如表 6-4 所示。

表 6-4 选择器知识点总结

知识点	说明
CSS 基本语法	选择器 { 样式属性 1: 取值 1; 样式属性 2: 取值 2;…}
CSS 引用方法	行内样式：直接在 HTML 5 标签中使用 style 属性 <p style="color:red;"> 内嵌样式：<head> 与 </head> 之间，并且用 <style> 和 </style> 标签进行声明 链接样式：在 <head> </head> 之间，用 <link> 标签链接外部的 CSS 文件
CSS 优先级	行内样式 > 内嵌样式 > 链接样式
标签选择器	HTML 5 的标签
类选择器	用 class 标记的，.类名称 { }
ID 选择器	用 id 标记的，#id 名称 {}
全局选择器	所有元素，*{ 属性 : 值 ;}
伪类选择器	a 标签的 link、visited、active、hover 状态，a: 状态名称 { 属性 : 值 ;}
子元素选择器	某元素下的子元素，#father p{color:green;}
相邻选择器	某元素的兄弟元素，#box+p{color:green;}
群组选择器	同时对几个选择器设置相同的 CSS 样式，h3,div,#box,p{color:red;}

6.6 技能训练

通过测试练习环节，对本项目涉及的英文单词进行重复练习，既可以熟悉 html 标签的单词组合，也可以提高代码输入的速度和正确率。

打开素材中的 Exercise6.html 文件，单击"开始打字测试"按钮，在文本框输入上面的单词，输入完成后，单击"结束/计算速度"按钮即可显示所用时间、错误数量和输入速度等信息。

项目 7

CSS 3 图文混排

- ■项目描述
- ■知识准备
- ■项目实施
- ■项目拓展
- ■项目小结
- ■技能训练

7.1 项目描述

网页最重要功能就是把信息传递给浏览者，而传递信息的一般方式就是文字或图片，但是如果用文字加图片的方式来传递，这样组合起来的效果将会比单个方式传递更加有效。

> **本项目学习要点** ⇨
> 1. CSS 3 美化文本；
> 2. CSS 3 美化段落；
> 3. CSS 3 美化图片；
> 4. CSS 3 图文混排。

7.2 知识准备

内容是网站的灵魂，构成网页内容的是文字和图片这些基本元素，设计网页时要组织好文字和图片基本元素，同时再配合一些排版技巧，就可以构成一个绚丽多彩的网页。

7.2.1 CSS 3 美化文本

在制作 HTML 页面中，文本是必不可少的元素，它是用来传递信息的主要手段。设置文本样式是 CSS 样式的基本功能，使用 CSS 样式除了可以定义文本的字体、大小、粗细、颜色等普通样式外，还可以设置文本的阴影效果、溢出效果等高级样式。

1. 设置文本字体

在 CSS 3 样式中，使用 font-family 属性定义文本的字体类型，格式如下：

```
{font-family: 字体1, 字体2, 字体3;}
```

font-family 可定义多种字体，多个字体将按优先顺序排列，以逗号隔开（逗号为英文逗号）。如果字体名称包含空格，如 Times New Roman，则应该将名称用引号引起来。

2. 设置文本大小

在 CSS 3 样式中，使用 font-size 属性定义文本的大小，格式如下：

```
{font-size: 像素值 / 关键字 ;}
```

font-size 的属性值可以使用两种方式，一种是使用像素为单位的数值；二是使用关键字，如表 7-1 所示。

表 7-1 font-size 关键字列表

关键字	说 明
xx-small	最小。绝对字体尺寸，根据对象字体进行调整
x-small	较小。绝对字体尺寸，根据对象字体进行调整
small	小。绝对字体尺寸，根据对象字体进行调整
medium	默认值，正常。绝对字体尺寸，根据对象字体进行调整
large	大。绝对字体尺寸，根据对象字体进行调整

续表

关键字	说 明
x-large	较大。绝对字体尺寸，根据对象字体进行调整
xx-large	最大。绝对字体尺寸，根据对象字体进行调整
larger	相对字体尺寸。相对于父对象中字体尺寸进行相对增大，使用成比例的 em 单位计算
smaller	相对字体尺寸。相对于父对象中字体尺寸进行相对减小，使用成比例的 em 单位计算
length	百分数或由浮点数和单位标识符组成的长度值，不可为负值。百分比取值是基于父对象中的字体尺寸

由于在实际网页开发中，使用更多的是采用像素为单位的数值来定义文字大小，所以表 7-1 中的关键字不需要死记硬背，但需要进行了解。

3. 设置文本粗细

在 CSS 3 样式中，使用 font-weight 属性定义文本的粗细程度，格式如下：

`{font-weight:粗细值/关键字;}`

粗细值可以使用两种方式，一是使用 100~900 的数值（100、200、…、900），值越大就表示越粗，值越小就表示越细，400 相当于正常字体 normal，是浏览器默认的字体粗细，700 相当于 bold；二是使用关键字，关键字如表 7-2 所示。如果没有设置该属性，则使用默认值 normal。

表 7-2　font-weight 关键字列表

关键字	说 明
normal	默认值，标准字体
lighter	定义更细的字体，相对值
bold	定义粗体字体
bolder	定义更粗的字体，相对值

4. 设置文本颜色

在 CSS 3 样式中，使用 color 属性定义文本的颜色，格式如下：

`{ color:颜色值;}`

颜色值可以使用颜色的英文名称、一个十六进制的 RGB 值等多种方式来表示，如表 7-3 所示。

表 7-3　color 颜色值列表

颜色值	说 明
color_name	颜色值为颜色名称的英文（如 red，表示红色）
hex_number	颜色值为十六进制数值（如 #ff0000 或 #f00，表示红色）
rgb_number	颜色值为 RGB 代码（如 rgb(255,0,0)，表示红色）
rgba_number	颜色值为 RGBA 代码（如 rgba(255,0,0,0.5)，表示红色）
inherit	从父元素继承颜色
hsl_number	颜色值为 HSL 代码（如 hsl(0,75%,50%)）
hsla_number	颜色值为 HSLA 代码（如 hsla(120,50%,50%,1)）

5. 设置文本样式

在 CSS 3 样式中，使用 font-style 属性定义文本的样式，格式如下：

```
{ font-style:属性值;}
```

属性值如表 7-4 所示。

表 7-4　font-style 属性值列表

属性值	说　明
normal	默认值，标准的字体样式
italic	斜体的字体样式
oblique	倾斜的字体样式
inherit	从父元素继承的字体样式

6. 设置文本阴影效果

在 CSS 3 样式中，文本阴影效果属于文本的高级样式，如果使用上面的 CSS 样式进行定义，不能得到正确显示效果，这就需要使用特定的 CSS 标签来完成。

使用 CSS 3 样式中的 text-shadow 属性定义文字的阴影效果，格式如下：

```
{ text-shadow:阴影水平偏移值（可取正负值）阴影垂直偏移值（可取正负值）阴影模糊值 阴影颜色;}
```

text-shadow 属性有 4 个，后两个为可选。

【例 7-1】CSS 3 设置文本阴影效果实例，代码如下所示（示例文件 7-1.html）。

```
1  <!DOCTYPE html>
2  <html lang="en">
3  <head>
4      <meta charset="UTF-8">
5      <title>设置文本阴影</title>
6      <style>
7          *{margin:0;padding:0;}
8          h1{
9              font-family:Arial Black;
10             font-size:60px;
11             text-shadow:2px 3px 6px #333;
12         }
13         h2{
14             font-family:Arial Black;
15             font-size:60px;
               /*设置多重阴影效果使用逗号隔开*/
16             text-shadow:2px 2px 0px #333,
17                         2px 5px 10px green,
18                         2px -2px 5px red;
19         }
20     </style>
```

```
21    </head>
22    <body>
23        <h1>Text shadow</h1>
24        <h2>Text shadow</h2>
25    </body>
26  </html>
```

在浏览器中预览效果如图 7-1 所示。

图 7-1　设置文本阴影实例页面

7. 设置文本溢出效果

text-overflow 属性定义当文本溢出时是否显示省略标记。要实现溢出文本时产生省略号的效果，还必须定义强制文本在一行显示（white-space:nowrap）及溢出内容为隐藏（overflow:hidden）。text-overflow 属性格式如下：

```
{ text-overflow:clip | ellipsis | string;}
```

text-overflow 属性值如表 7-5 所示。

表 7-5　text-overflow 属性值列表

属性值	说　明
clip	简单地修剪文本，不显示省略标记
ellipsis	当对象内文本溢出时显示省略标记
string	使用给定的字符串来代表被修剪的文本

8. 设置文本控制换行

当在一个指定区域显示的一行文本过长，一行内显示不完时，就需要进行换行设置。在 CSS 3 中使用 word-wrap 属性来控制文本换行。word-wrap 属性格式如下：

```
{word-wrap:normal | break-word;}
```

word-wrap 属性值如表 7-6 所示。

表 7-6　word-wrap 属性值列表

属性值	说　明
normal	只在允许的断字点换行（浏览器保持默认处理）
break-word	内容将在边界内换行

【例 7-2】CSS 3 美化文本实例，代码如下所示（示例文件 7-2.html）。

```
1  <!DOCTYPE html>
2  <html lang="en">
3  <head>
4      <meta charset="UTF-8">
5      <title>CSS3 美化文本</title>
6      <style>
7          body{font-family: 微软雅黑;font-size:14px;}
8          p{color:rgb(200,60,0);}
9      </style>
10 </head>
11 <body>
12     <h3 align="center" style="font-size:24px;font-weight:bold;text-shadow:0.1em 2px 4px green"> 中国梦 </h3>
13     <p style="font-weight:bold;"> 始 信 泥 土 有 芬 芳  (font-weight:bold;)</p>
14     <p style="font-weight:bolder;"> 转眼捏成这般模样 (font-weight:bolder;)</p>
15     <p style="font-weight:lighter;"> 你是女娲托生的精灵 (font-weight:lighter;)</p>
16     <p style="font-weight:normal;"> 你是夸父追日的梦想 (font-weight:normal;)</p>
17     <p style="font-weight:100;"> 让我轻轻走过你的跟前 (font-weight:100;)</p>
18     <p style="font-weight:400;"> 沐浴着你童真的目光 (font-weight:400;)</p>
19     <p style="font-weight:900;"> 让我牵手与你同行 (font-weight:900;)</p>
20     <p style="font-size:80%;"> 小脚丫奔跑在希望的田野上 (font-size:80%;)</p>
21     <p style="font-style:inherit;"> 啊， 中 国  (font-style:inherit;)</p>
22     <p style="font-style:italic;"> 我的梦  (font-style:italic;)</p>
23     <p style="font-style:oblique;"> 梦正香 (font-style:oblique;)</p>
24 </body>
25 </html>
```

在浏览器中预览效果如图 7-2 所示。

项目 7　CSS 3 图文混排

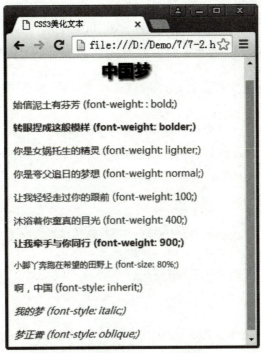

图 7-2　CSS 3 美化文本实例页面

9. 设置在线字体

在 CSS 3 之前，网页设计师在使用字体时，必须保证使用的字体在用户的计算机中也已安装好，才能正确还原设计者的字体设计意图。现在通过 CSS 3，网页设计师可以使用任意字体，可将该字体文件存放到 Web 服务器上，字体会在需要时被自动下载到用户的计算机上。

格式如下：

```
@font-face {
  font-family:<YourWebFontName>;
  src:<source> [<format>][,<source> [<format>]]*;
  [font-weight:<weight>];
  [font-style:<style>];
}
```

YourWebFontName: 此值是指用户自定义的字体名称，最好是使用用户下载的默认字体，它将被引用到用户的 Web 元素中的 font-family，如 "font-family:"YourWebFontName";"

source: 此值是指用户自定义的字体的存放路径，可以是相对路径也可以是绝路径；

format：此值是指用户自定义的字体的格式，主要用来帮助浏览器识别，其值主要有 truetype、opentype、truetype-aat、embedded-opentype、avg 等类型。

weight 和 style: 这两个值大家一定很熟悉，weight 定义字体是否为粗体，style 主要定义字体样式，如斜体。

【例 7-3】CSS 3 在线字体实例，代码如下所示（示例文件 7-3.html）。

```
1  <!DOCTYPE html>
2  <html lang="en">
```

```
3   <head>
4       <meta charset="UTF-8">
5       <title>CSS 3在线字体</title>
6       <style>
7           @font-face
8           {
9               font-family:TestFont;
10              src:url('fonts/Sansation_Light.ttf');
11          }
12          div
13          {
14              font-family:TestFont;
15              font-size:60px;
16              color:#f00;
17          }
18      </style>
19  </head>
20  <body>
21      <div>CSS 3 Web Font</div>
22  </body>
23  </html>
```

在浏览器中预览效果如图 7-3 所示。

图 7-3　CSS 3 在线字体实例页面

10. 设置旋转特效

transform 属性能够设置元素的旋转，向元素应用 2D 或 3D 转换。该属性允许用户对元素进行旋转、缩放、移动或倾斜。其属性值有很多，包括 rotate( )、skew( )、scale( )、translate( )，分别还有 x、y 之分，如 rotatex( ) 和 rotatey( )，以此类推。在此简单介绍一下 rotate 值。格式如下。

transform:rotate(angle 单位为 deg);

定义 2D 旋转在参数中规定角度，angle 表示角度。

7.2.2　CSS 3美化段落

段落是由表达同一个意思的多个文本组合而成的，也是网页的基本单位。

文本样式主要涉及文本本身的型体效果，而段落样式主要涉及多个文本的排版效果，即段落的排版效果。文本样式注重个体，段落样式注重整体，所以 CSS 在命名时，特意使用了

font 前缀和 text 前缀来区分两类不同性质的属性。

1. 设置词间距

在网页设计中，如果单词之间的间隔设置合理，将给人赏心悦目的感觉。在 CSS 3 中使用 word-spacing 属性定义增加或减少词与词之间的间隔。格式如下：

```
{word-spacing:normal | length;}
```

word-spacing 属性值如表 7-7 所示。

表 7-7　word-spacing 属性值列表

属性值	说　明
normal	默认值，定义单词之间的标准间隔
length	定义单词之间的固定宽度，可取正负值，单位为像素

2. 设置字间距

在 CSS 3 中使用 letter-spacing 来定义文本之间的距离，格式如下：

```
{letter-spacing:normal | length;}
```

letter-spacing 属性值如表 7-8 所示。

表 7-8　letter-spacing 属性值列表

属性值	说　明
normal	默认间隔，以标准间隔显示
length	由浮点数和单位标识符组成的长度值，可取正负值，单位为像素

3. 设置文本修饰效果

在 CSS 3 中，使用 text-decoration 属性可以为文本设置多种修饰效果，如下划线、删除线等，格式如下：

```
{ text-decoration:属性值; }
```

text-decoration 属性值如表 7-9 所示。

表 7-9　text-decoration 属性值列表

属性值	说　明
none	默认值，对文本不进行任何修饰，用这个属性值也可以去掉已经有下划线、删除线或顶画线的样式
overline	上画线
underline	下划线
line-through	删除线
blink	闪烁

【例 7-4】CSS 3 美化段落实例一，代码如下所示（示例文件 7-4.html）。

```
1   <!DOCTYPE html>
2   <html lang="en">
3   <head>
4       <meta charset="UTF-8">
```

```
5         <title>CSS3 美化段落例 1</title>
6         <style>
7                 p{line-height:10px;}
8         </style>
9  </head>
10 <body>
11        <p style="text-decoration:underline;"> 始信泥土有芬芳 </p>
12        <p style="text-decoration:overline;"> 转眼捏成这般模样 </p>
13        <p style="text-decoration:line-through;"> 你是女娲托生的精灵 </p>
14        <p style="text-decoration:blink;"> 你是夸父追日的梦想 </p>
15        <p style="word-spacing:normal;">Let me gently walk past you.</p>
16        <p style="word-spacing:15px;">Bathed in your childlike eyes.</p>
17        <p style="letter-spacing:normal;">Let me walk through your eyes.</p>
18        <p style="letter-spacing:-1px">Small feet running in the field of hope.</p>
19        <p style="letter-spacing:5px">Well, China</p>
20        <p style="letter-spacing:1em">My dream!</p>
21        <p style="letter-spacing:1ex">The dream is fragrant.</p>
22 </body>
23 </html>
```

在浏览器中预览效果如图 7-4 所示。

图 7-4　CSS 3 美化段落实例一页面

4. 设置文本的垂直对齐方式

在 CSS 3 中，使用 vertical-align 属性设置垂直对齐方式，此属性定义行内元素的基线相对于该元素所在行的基线的垂直对齐，可设置为负长度值和百分比值。在表单元格中，此属性可设置单元格内容的对齐方式。格式如下：

{vertical-align: 属性值 ;}

vertical-align 属性值如表 7-10 所示。

表 7-10 vertical-align 属性值列表

属性值	说　明
baseline	默认，元素放在父元素的基线上
sub	垂直对齐文本的下标
super	垂直对齐文本的上标
top	元素的顶端与行中最高元素的顶端对齐
text-top	元素的顶端与父元素字体的顶端对齐
middle	此元素放在父元素的中部
bottom	元素的顶端与行中最低元素的顶端对齐
text-bottom	把元素的底端与父元素字体的底端对齐
length	设置元素的堆叠顺序
%	使用 line-height 属性的百分比值来排列此元素，允许使用负值
inherit	从父元素继承 vertical-align 属性的值

5. 设置文本的水平对齐方式

文本除了垂直对齐方式外，还有水平对齐方式，包括水平方向上的居中、左对齐、右对齐等。在 CSS 3 中，使用 text-align 属性可定义文本的水平对齐方式，格式如下：

{text-align:属性值;}

text-align 属性值如表 7-11 所示。

表 7-11 text-align 属性值列表

属性值	说　明
start	文本向行的开始边缘对齐
end	文本向行的结束边缘对齐
left	文本向行的左边缘对齐，默认值
right	文本向行的右边缘对齐
center	文本在行内居中对齐
justify	文本根据 text-justify 的属性值设置分散对齐
inherit	继承父元素的对齐方式

6. 设置文本大小写转换

在文本编辑中，根据需要将大写字母转换为小写字母，或将小写字母转换为大写字母，都是非常常见的。在 CSS 3 中，使用 text-transform 属性可定义文本的大小写转换，格式如下：

{text-transform:属性值;}

text-transform 属性值如表 7-12 所示。

表 7-12 text-transform 属性值列表

属性值	说　明
none	无转换
capitalize	将每个单词的第一个字母转换成大写，其余不转换
uppercase	转换成大写
lowercase	转换成小写

7. 设置文本的行高

在 CSS 3 中，使用 line-height 属性可定义文本的行高，即一行的高度，格式如下：

{line-height:属性值;}

line-height 属性值如表 7-13 所示。

表 7-13　line-height 属性值列表

属性值	说　　明
normal	默认行高，即网页文本的标准行高
length	百分比数值或由浮点数和单位标识符组成的长度值，可以为负值

8. 设置文本的缩进

在段落文本中通常使用首行缩进两个字符的方式来表示段落的开始。在 CSS 3 中，使用 text-indent 属性定义文本块中的首行缩进，格式如下：

{text-indent:length;}

其中，length 属性值表示由百分比数值或由浮点数和单位标识符组成的长度值，可以为负值。也就是说，使用 text-indent 属性可以定义两种缩进方式，一种是直接定义缩进的长度，另一种是定义缩进的百分比。

9. 设置文本的空白处理

在 CSS 3 中，使用 white-space 属性定义字符串或文本间空白的处理方式，格式如下：

{white-space:属性值;}

white-space 属性值如表 7-14 所示。

表 7-14　white-space 属性值列表

属性值	说　　明
normal	默认值，空白会被浏览器忽略
pre	空白会被浏览器保留
nowrap	文本不会换行，文本会在同一行上继续，直到遇到 标签为止
pre-wrap	保留空白，但是正常地进行换行
pre-line	合并空白，但是保留换行符
inherit	从父元素继承 white-space 属性值

10. 设置文本的反排

在编辑网页文本时，通常文档的基本方向是从左到右，有时需要将文档的方向显示为从右到左，在 CSS 3 中，通过 unicode-bidi 和 direction 两个属性来解决文本反排的效果。

（1）unicode-bidi 格式如下：

{unicode-bidi:属性值;}

unicode-bidi 属性值如表 7-15 所示。

表 7-15 unicode-bidi 属性值列表

属性值	说 明
normal	默认值。元素不会打开附加的一层嵌套，对于行内元素，顺序的隐式重排会跨元素边界进行
embed	如果是一个行内元素，将会打开附加的一层嵌套，这个嵌套层的方向由 direction 属性指定，会在元素内部隐式地完成顺序重排
bidi-override	这会为行内元素创建一个覆盖，对于块级元素，将为不在另一块中的行内元素创建一个覆盖。这说明，顺序重排在元素内部严格按照 direction 属性进行；忽略了双向算法的隐式部分

（2）direction 属性用于设置文档流的方向，其格式如下：

{direction:属性值;}

direction 属性值如表 7-16 所示。

表 7-16 direction 属性值列表

属性值	说 明
ltr	文本流从左到右
rtl	文本流从右到左
inherit	文本流的值不可继承

【例 7-5】CSS 3 美化段落实例二，代码如下所示（示例文件 7-5.html）。

```
1  <!DOCTYPE html>
2  <html lang="en">
3  <head>
4      <meta charset="UTF-8">
5      <title>CSS3 美化段落例 2</title>
6      <style>
7          p{line-height:8px;}
8      </style>
9  </head>
10 <body>
11     <h3 style="text-align:center;"> 中国梦 </h3>
12     <div style="text-align:left;">
13         <p style="color:red;"> 始信泥土有芬芳 </p>
14         <p style="unicode-bidi:bidi-override;direction:rtl;"> 转眼捏成这般模样 </p>
15         <p style="color:red;"> 你是女娲托生的精灵 </p>
16         <p style="unicode-bidi:bidi-override;direction:rtl;text-align:right;"> 你是夸父追日的梦想 </p>
17     </div>
18     <p style="">Let me gently walk past you.</p>
19     <p style="">Bathed in your childlike eyes.</p>
```

```
20            <p style="">Let me walk through your eyes.</p>
21            <p style="">Small feet running in the field of hope.</p>
22       <div style="white-space:pre;line-height:16px">
23            Well, China
24            My dream!
25            The dream is fragrant.
26       </div>
27  </body>
28  </html>
```

在浏览器中预览效果如图 7-5 所示。

图 7-5　CSS 3 美化段落实例二页面

7.2.3　CSS 3美化图片

网页中除了文字外，图片是直观、形象的网页互动对象，一张好的图片会给网页带来很高的点击率，在 CSS 3 中定义了很多属性来美化和设置图片。

1. 图片大小

在 HTML 5 网页排版中，设置图片的大小有以下 3 种方法。

（1）通过描述标记 width 和 height 缩放图片。通过 img 标签的 width 和 height 属性来设置图片的大小。width 和 height 分别表示图片的宽度和高度，可以是数值或百分比，单位可以是 px。例如：

```
<img src="image.jpg" width=200 height=200>
```

（2）使用 CSS3 中的 max-width 和 max-height 缩放图片。max-width 和 max-height 分别来设置图片的宽度最大值和高度最大值。在定义图片大小时，如果图片的默认尺寸超过了定义的大小，就以 max-width 所定义的宽度值显示，图片的高度将同比例变化，如果定义的是 max-height 值，图片的宽度将同比例变化。如果图片的尺寸小于最大宽度或高度，那么图片就按原尺寸显示。

（3）使用 CSS3 中的 width 和 height 缩放图片。在 CSS3 中可以使用 width 和 height 属性

来设置图片的宽度和高度，从而实现对图片的缩放效果。如果仅仅设置了图片的一个属性值（width 或 height），而没有设置另一个属性值时，图片本身会自动等比例缩放。

【例 7-6】CSS 美化网页图片实例，代码如下所示（示例文件 7-6.html）。

```
1   <!DOCTYPE html>
2   <html lang="en">
3   <head>
4           <meta charset="UTF-8">
5           <title>CSS 美化网页图片 </title>
6           <style>
7                   #img02{
8                           max-width:150px;
9                   }
10                  #img03{
11                          width:75px;
12                          height:75px;
13                  }
14          </style>
15  </head>
16  <body>
17          <img src="images/01.jpg" width="100px" height="100px" alt="">
18          <img src="images/01.jpg" id="img02" alt="">
19          <img src="images/01.jpg" id="img03" alt="">
20  </body>
21  </html>
```

在浏览器中预览效果如图 7-6 所示。

图 7-6　CSS 美化网页图片实例页面

2. 设置图片的对齐方式

在一个图文页面中，图片对齐方式和文字排版同样影响页面的整洁简约。下面学习使用 CSS 3 属性定义图文对齐方式。

（1）设置图片水平对齐 text-align。图片的水平对齐方式和文本的水平对齐方式类似，都有左、中、右三种对齐方式。

由于 <img> 标签本身没有对齐属性，因此要定义图片的对齐方式，不能对 <img> 标签直接定义图片样式，需要在图片的上一级标签（父标签）定义对齐方式，让图片继承父标签的对齐方式，即使用 CSS 继承父标签的 text-align 属性来定义对齐方式。

text-align 属性取值如表 7-17 所示。

表 7-17　text-align 属性值列表

text-align 属性值	说　　明
left	默认值，左对齐
center	居中对齐
right	右对齐

【例 7-7】图片的水平对齐实例，代码如下所示（示例文件 7-7.html）。

```
1   <!DOCTYPE html>
2   <html lang="en">
3   <head>
4       <meta charset="UTF-8">
5       <title>图片的水平对齐方式</title>
6       <style>
7           img{width:75px;height:75px;}
8       </style>
9   </head>
10  <body>
11      <div style="text-align:left">
12          <img src="images/01.jpg" alt="">图片左对齐
13      </div>
14      <div style="text-align:center">
15          <img src="images/01.jpg" alt="">图片居中对齐
16      </div>
17      <div style="text-align:right">
18          <img src="images/01.jpg" alt="">图片右对齐
19      </div>
20  </body>
21  </html>
```

在浏览器中预览效果如图 7-7 所示。

图 7-7　图片的水平对齐方式实例页面

（2）设置图片垂直对齐 vertical-align。通过对图片的垂直对齐方式的设置，可以使图片和文字的高度一致，在 CSS 3 中使用 vertical-align 属性来定义。

vertical-align 属性设置元素的垂直对齐方式，就是定义行内元素和基线相对于该元素所在行的基线的垂直对齐，允许指定负值和百分比值。

vertical-align 属性常用取值，如表 7-18 所示。

表 7-18 vertical-align 属性值列表

vertical-align 属性取值	说　　明
top	把元素的顶端与行中最高元素的顶端对齐
middle	把此元素放置在元素的中部
baseline	默认，元素放置在元素的基线上
bottom	把元素的底端与行中最底的元素底端对齐

【例 7-8】图片的垂直对齐方式实例，代码如下所示（示例文件 7-8.html）。

```
1   <!DOCTYPE html>
2   <html lang="en">
3   <head>
4       <meta charset="UTF-8">
5       <title>图片的垂直对齐方式</title>
6       <style>
7           p{border:1px red solid;margin-top:5px;}
8           img{width:75px;height:75px;}
9       </style>
10  </head>
11  <body>
12      <p>
13          垂直对齐方式:vertical-align:top;
14          <img src="images/01.jpg" style="vertical-align: top;">
15      </p>
16      <p>
17          垂直对齐方式:vertical-align:middle;
18          <img src="images/01.jpg" style="vertical-align:middle;">
19      </p>
20      <p>
21          垂直对齐方式:vertical-align:bottom;
22          <img src="images/01.jpg" style="vertical-align:bottom;">
23      </p>
24  </body>
22  </html>
```

在浏览器中预览效果如图 7-8 所示。

图 7-8 图片的垂直对齐方式实例页面

7.2.4 CSS 3图文混排

在网页设计中,最常见的方式就是图文混排,也就是文字环绕着图片进行布局。下面学习图片和文字的混合排版方式。

1. 设置图文环绕效果

在网页布局的过程中,文字环绕图片的方式在实际页面中的应用非常广泛,如果再配合内容、背景等多种手段就可以实现各种绚丽的效果。

在 CSS 3 中,使用浮动属性 float 可以设置文字环绕效果。float 属性主要是定义元素向哪个方向上浮动,浮动的元素不管它是哪种元素,都会生成一个块。一般情况下,此属性总应用于图像,使文字环绕在图像周围,有时也可以应用于其他元素浮动,但需要指定一个明确的宽度,否则此元素会尽可能变窄。

float 属性的取值如表 7-19 所示。

表 7-19 float 属性值列表

float 属性值	说 明
none	默认值,元素不浮动
left	元素向左浮动
right	元素向右浮动

2. 设置图片和文字的间距

如果需要设置图片和文字之间的距离,即文字之间存在一定间距,可以使用 CSS3 中的 padding 属性来设置。

padding 属性主要用来在一个声明中设置所有内边距属性,即可以设置元素所有内边距的宽度,或者设置各边上内边距的宽度。

padding 属性的语法格式如下:

```
padding:padding-top | padding-right | padding-bottom | padding-left
```

参数值 padding-top 用来设置距离顶部的内边距; padding-right 用来设置距离右部的内边距; padding-bottom 用来设置距离底部的内边距; padding-left 用来设置距离左部的内边距。

【例 7-9】图文混排实例,代码如下所示(示例文件 7-9.html)。

```html
1  <!DOCTYPE html>
2  <html lang="en">
3  <head>
4      <meta charset="UTF-8">
5      <title>图文混排</title>
6      <style>
7          p{font-size:14px;text-indent:28px;}
8          img{
9              width:200px;
10             float:right;
11             border:1px red solid;
12             padding-top:10px;
13             padding-bottom:30px;
14             padding-left:50px;
15         }
16     </style>
17 </head>
18 <body>
19     <img src="images/03.jpg" alt="">
20     <p>这几天心里颇不宁静。今晚在院子里坐着乘凉，忽然想起日日走过的荷塘，在这满月的光里，总该另有一番样子吧。月亮渐渐地升高了，墙外马路上孩子们的欢笑，已经听不见了；妻在屋里拍着闰儿，迷迷糊糊地哼着眠歌。我悄悄地披了大衫，带上门出去。</p>
21     <p>沿着荷塘，是一条曲折的小煤屑路。这是一条幽僻的路；白天也少人走，夜晚更加寂寞。荷塘四面，长着许多树，蓊蓊郁郁的。路的一旁，是些杨柳，和一些不知道名字的树。没有月光的晚上，这路上阴森森的，有些怕人。今晚却很好，虽然月光也还是淡淡的。</p>
22     <p>路上只我一个人，背着手踱着。这一片天地好像是我的；我也像超出了平常的自己，到了另一世界里。我爱热闹，也爱冷静；爱群居，也爱独处。像今晚上，一个人在这苍茫的月下，什么都可以想，什么都可以不想，便觉是个自由的人。白天里一定要做的事，一定要说的话，现在都可不理。这是独处的妙处，我且受用这无边的荷香月色好了。    </p>
23 </body>
24 </html>
```

在浏览器中预览效果如图 7-9 所示。

图 7-9　图文混排实例页面

7.3 项目实施

7.3.1 图文混排

通过此项目的学习，学习到 CSS 3 的文本、段落、图片的属性设置，结合这些知识制作一个图文混排的实例。

具体操作步骤如下。

（1）启动 Sublime 程序，新建并保存文件名称为"7-10.html"。

（2）输入代码如下：

```
1   <!DOCTYPE html>
2   <html lang="en">
3   <head>
4       <meta charset="UTF-8">
5       <title> 图文混排 </title>
6       <style>
7           body{font-family: 微软雅黑，黑体;font-size:14px;}
8           div{border:2px red solid;padding:10px;}
9           #img01{float:right;text-align:center;}
10          #img01 img{width:250px;}
11      </style>
12  </head>
13  <body>
14      <h2 align="center">CSS 盒子模型 (Box Model)</h2>
15      <p style="text-indent:28px;"> 所有 HTML 元素可以看作盒子，在 CSS 中，"box model" 这一术语是用来设计和布局时使用。</p>
16      <p style="text-indent:28px;">CSS 盒模型本质上是一个盒子，封装周围的 HTML 元素，它包括边距、边框、填充和实际内容。
17      盒模型允许我们在其他元素和周围元素边框之间的空间放置元素。</p>
18      <h3> 右边的图片说明了盒子模型 (Box Model)：</h3>
19      <div id="img01"><img src="images/02.jpg" alt=""><br> 盒子模型 </div>
20      <p> 不同部分的说明：</p>
21      <ul>
22          <li>Margin( 外边距 ) - 清除边框外的区域，外边距是透明的。</li>
23          <li>Border( 边框 ) - 围绕在内边距和内容外的边框。</li>
24          <li>Padding( 内边距 ) - 清除内容周围的区域，内边距是透明的。</li>
25          <li>Content( 内容 ) - 盒子的内容，显示文本和图像。</li>
26      </ul>
27      <h3> 元素的宽度和高度 </h3>
28      <dl>
29          <dt> 最终元素的总宽度计算公式是这样的：</dt>
```

```
30              <dd>总元素的宽度 = 宽度 + 左填充 + 右填充 + 左边框 + 右边框 + 左边距 + 右
边距 </dd>
31              <dt>元素的总高度最终计算公式是这样的：</dt>
32              <dd>总元素的高度 = 高度 + 顶部填充 + 底部填充 + 上边框 + 下边框 + 上边距 +
下边距 </dd>
33          </dl>
34  </body>
35  </html>
```

在浏览器中预览效果如图 7-10 所示。

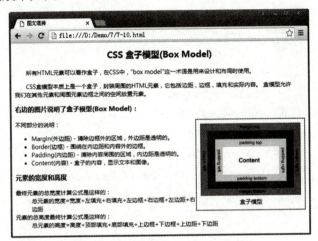

图 7-10　制作图文混排实例效果

图文混排
实例

实例解析

以上代码第 6~11 行是内嵌式 CSS 样式部分。

第 7 行设置了页面字体为微软雅黑或黑体（font-family: 微软雅黑 , 黑体 ;）、文字大小 14 像素（font-size:14px;）。

第 8 行设置了图片的边框为 2 像素的红色实线（border:2px red solid;）、4 个方向的内边距清除 10 像素（padding:10px;）。

第 9 行设置了 ID 为"img01"的 div 块向右浮动（float:right;）、居中对齐（text-align:center;），实现了文字和图片的环绕效果。

第 10 行设置了 ID 为"img01"的 div 块中 img 标签宽度为 250 像素（#img01 img{width:250px;}）。

第 14 行使用了标题标签 h2 并居中显示标题（<h2 align="center">）。

第 15~16 行设置了段落首行缩进 28 像素（text-indent:28px;）。

第 19 行将图片和文字放置在 div 块中。

第 21~26 行和第 28~33 行分别使用了无序列表和自定义列表。

7.3.2　图片特效制作

图片在网页设计中越来越被重视，利用 CSS 属性可以制作出绚丽的图片特效，满足客户的视觉体验，此项目实施就是制作一个图片特效实例。

具体操作步骤如下。

（1）用Sublime编辑器新建并保存文件名称为"7-11.html"。
（2）输入代码如下：

```html
1  <!DOCTYPE html>
2  <html lang="en">
3  <head>
4       <meta charset="UTF-8">
5       <title>CSS 图片特效制作</title>
6       <style type="text/css">
7            body{
8                 margin:30px;
9                 background-color:#ccc;
10           }
11           .photo{
12                width:290px;
13                padding:10px;
14                margin:10px;
15                border:1px solid #BFBFBF;
16                background-color:#FFF;
17                box-shadow:10px 10px 10px #999999;/* 图片阴影的设置 */
18           }
19           .r_left{
20                float:left;
21                transform:rotate(8deg);/* 图片向右倾倒 */
22           }
23           img{width:290px;height:215px;}
24           .r_right {
25                float:left;
26                transform:rotate(-8deg);/* 图片向左倾倒 */
27           }
28      </style>
29 </head>
30 <body>
31      <div class="photo r_left">
32           <img src="images/01.jpg" alt="">
33           <p>唯有牡丹真国色，花开时节动京城。</p>
34      </div>
35      <div class="photo r_right">
36           <img src="images/03.jpg" alt="">
37           <p>我像只鱼儿在你的荷塘，只为和你守候那皎白月光。</p>
38      </div>
39 </body>
```

40   </html>

（3）再次保存文件后，在页面中右击，从弹出的快捷菜单中选择"在浏览器中打开"命令，效果如图 7-11 所示。

CSS图片特效实例

图 7-11   CSS 图片特效制作页面

实例解析

以上代码第 6~28 行是内嵌式 CSS 样式部分，主要实现了图片阴影和 div 块的旋转效果。

第 7~10 行设置了 body 元素的背景颜色为灰色（background-color:#CCC;）、上下左右的外边距为 30 像素（margin:30px;）。

当 margin 的属性值为一个值时，表示上下左右 4 个边的值都相同；当 margin 的属性值为两个值时，第一个值表示上下外边距的值，第二个值表示左右外边距的值；当 margin 的属性值为 3 个值时，第一个值表示上外边距的值，第二个值表示左右外边距的值，第三个值表示下外边距的值；当 margin 的属性值为 4 个值时，第一个值表示上外边距的值，第二个值表示右外边距的值，第三个值表示下外边距的值，第四个值表示左外边距的值。

padding 的赋值方法与 maigin 的赋值方法相似。

第 11~18 行设置了类名为"photo"的 div 块的宽度为 290 像素（width:290px;）、内边距为 10 像素（padding:10px;）、外边距为 10 像素（margin:10px;）、边框为 1 像素的深灰色实线（border:1px solid #BFBFBF;）、背景颜色为白色（background-color:#FFF;），以及设置了为水平右移 10 像素、垂直下移 10 像素、模糊距离为 10 像素深灰色的阴影（box-shadow:10px 10px 10px #999999;）。

第 19~22 行和第 22~27 行分别设置了图片向左、向右的倾斜。第 20、25 行定义了类名为"r_left"和"r_right"的 div 块向左浮动（float:left;）。第 21、26 行定义了两个 div 块分别向右、向左旋转了 8°（transform:rotate(8deg);、transform:rotate(-8deg);）。

第 31~34 行和第 35~38 行创建了两个 div 块，在 div 块中分别放置了一张图片和一段文字。

7.4　项目拓展

在上面的项目实施中，学习制作了图文混排和 CSS 图片特效两个实例，掌握了图片、文字排版的技巧，下面制作文字、图片列表排列的实例，来巩固提高本项目所学知识。

具体操作步骤如下。
(1) 用 Sublime 编辑器新建并保存文件名称为 "7-12.html"。
(2) 输入代码如下:

```html
1  <!DOCTYPE html>
2  <html lang="en">
3  <head>
4      <meta charset="UTF-8">
5      <title>图片、文字列表排列实例</title>
6      <style>
7          body{background-color:#ccc;}
8          ul{
9              margin:0 auto;
10             width:600px;
11             overflow:hidden;
12             list-style:none;
13         }
14         li{
15             float:left;
16             padding:4px 8px;
17             width:120px;
18             background-color:#fff;
19             margin:2px 2px;
20         }
21         img{
22             display:block;
23             width:120px;
24             overflow:hidden;
25         }
26         a{text-decoration:none;color:#666;}
27         a:hover{color:#f60;}
28         img:hover{opacity:0.5;}
29         span{
30             display:block;
31             width:100%;
32             height:100%;
33             line-height:16px;
34             text-align:center;
35             margin:10px auto;
36             font-size:12px;
37         }
38     </style>
```

```html
39  </head>
40  <body>
41      <ul>
42          <li>
43              <a href="#">
44                  <img src="images/04-1.jpg" alt="">
45                  <span>2017秋冬长袖针织高领打底衫毛衣</span>
46              </a>
47          </li>
48          <li>
49              <a href="#">
50                  <img src="images/04-2.jpg" alt="">
51                  <span>2017秋冬长袖针织高领打底衫毛衣</span>
52              </a>
53          </li>
54          <li>
55              <a href="#">
56                  <img src="images/04-3.jpg" alt="">
57                  <span>2017秋冬长袖针织高领打底衫毛衣</span>
58              </a>
59          </li>
60          <li>
61              <a href="#">
62                  <img src="images/04-4.jpg" alt="">
63                  <span>2017秋冬长袖针织高领打底衫毛衣</span>
64              </a>
65          </li>
66          <li>
67              <a href="#">
68                  <img src="images/05-1.jpg" alt="">
69                  <span>2017秋冬长袖针织高领打底衫毛衣</span>
70              </a>
71          </li>
72          <li>
73              <a href="#">
74                  <img src="images/05-2.jpg" alt="">
75                  <span>2017秋冬长袖针织高领打底衫毛衣</span>
76              </a>
77          </li>
78          <li>
79              <a href="#">
```

```
80                    <img src="images/05-3.jpg" alt="">
81                    <span>2017秋冬长袖针织高领打底衫毛衣</span>
82                </a>
83            </li>
84            <li>
85                <a href="#">
86                    <img src="images/05-4.jpg" alt="">
87                    <span>2017秋冬长袖针织高领打底衫毛衣</span>
88                </a>
89            </li>
90        </ul>
91 </body>
92 </html>
```

（3）再次保存文件后，在页面中右击，从弹出的快捷菜单中选择"在浏览器中打开"命令，效果如图7-12所示。

图7-12 图片、文字列表排列实例页面

图片文字列表排列实例

实例解析

以上代码主要分为两部分，第6~38行的CSS部分和第41~90行的HTML代码部分。

CSS部分主要完成了无序列表ul、列表项li、图片img、行内标签span和超链接标签a及img标签的hover的样式。使用无序列表的列表项li标签实现图片和文字的行内排列，在限定ul宽度的情况下，使用左浮动的方法让多个li标签排成两行。

第7行设置了body元素的背景颜色为灰色（background-color:#ccc;）。

第 8~13 行设置了无序列表的上下外边距为 0 像素及左右自动（margin:0 auto;）、宽度为 600 像素（width:600px;）、溢出隐藏（overflow:hidden;）、列表样式为无（list-style:none;）。

第 14~20 行设置了 li 标签向左浮动（float:left;）、上下内边距为 4 像素及左右内边距为 8 像素（padding:4px 8px;）、宽度为 120 像素（width:120px;）、背景颜色为白色（background-color:#fff;）、上下外边距为 2 像素及左右外边距为 2 像素（margin:2px 2px;）。

第 21~25 行设置了 img 为块元素（display:block;）、宽度为 120 像素（width:120px;）、溢出隐藏（overflow:hidden;）。

第 26 行设置了 a 标签链接下划线为无（text-decoration:none;）、文本颜色为 #666（color:#666;）。

第 27 行设置了当鼠标移动到 a 标签上的时候，a 标签的文本颜色为 #f60（color:#f60;）。

第 28 行设置了当鼠标移动到 img 标签上的时候，img 标签的不透明度为 0.5（opacity:0.5;）。

第 29~37 行设置了 span 标签为块元素（display:block;）、宽度为 100%（width:100%;）、高度为 100%（height:100%;）、行高为 16 像素（line-height:16px;）、文本居中对齐（text-align:center;）、上下外边距为 10 像素及左右自动（margin:10px auto;）、文字大小为 12 像素（font-size:12px;）。

第 41~90 行为 HTML 代码部分，使用无序列表的列表项 li 标签实现图片和文字的行内排列。第 42~47 行在列表项 li 中创建了图片和文本的超链接。

7.5 项目小结

本项目通过项目实施和项目拓展制作了图文混排、图片特效制作和图片、文字列表排列 3 个案例，学习了使用 CSS3 对文本、段落和网页图片的美化方法，以及图文混排效果的实现方法。

本项目知识点总结如表 7-20 所示。

表 7-20 CSS 3 图文混排知识点总结

知识点		属 性	说 明
美化文本	设置文本字体	font-family	定义文本的字体类型
	设置文本大小	font-size	定义文本的大小
	设置文本的粗细	font-weight	定义文本的粗细程度
	设置文本颜色	color	定义文本的颜色
	设置文本样式	font-style	定义文本的样式
	设置文本阴影效果	text-shadow	定义文字的阴影效果
	设置文本溢出效果	text-overflow	定义当文本溢出时是否显示省略标记
	设置文本控制换行	word-wrap	控制文本换行

	设置在线字体	@font-face {
		　　font-family:<FontName>;
		　　src:<source>;
		　　[font-weight:<weight>];
		　　[font-style:<style>];
		}
			通过 CSS3 可以使用任意字体，将该字体文件存放到 Web 服务器上，字体会在需要时被自动下载到用户的计算机上

	设置旋转特效	transform	对元素进行旋转、缩放、移动或倾斜

续表

	知识点	属　性	说　明
美化段落	设置词间距	word-spacing	定义增加或减少词与词之间的间隔
	设置字间距	letter-spacing	定义文本之间的距离
	设置文本修饰效果	text-decoration	为文本设置多种修饰效果，如下划线、删除线等
	设置文本的垂直对齐方式	vertical-align	定义行内元素的基线相对于该元素所在行的基线的垂直对齐，可设置为负长度值和百分比值
	设置文本的水平对齐方式	text-align	定义文本的水平对齐方式
	设置文本大小写转换	text-transform	根据需要将大写字母转换为小写字母，或将小写字母转换为大写字母
	设置文本的行高	line-height	定义文本的行高
	设置文本的缩进	text-indent	定义文本块中的首行缩进
	设置文本的空白处理	white-space	定义对字符串或文本间空白的处理方式
	设置文本的反排	unicode-bidi 和 direction	解决文本反排的效果
美化网页图片	图片尺寸	width 和 height、max-width 和 max-height	设置图片的宽度和高度、设置图片的宽度最大值和高度最大值
	设置图片的对齐方式	text-align、vertical-align	定义图文对齐方式
图文混排	设置元素浮动	float	设置元素浮动
	设置元素的内边距	padding	设置元素的内边距

7.6　技能训练

通过测试练习环节，对本项目涉及的英文单词进行重复练习，既可以熟悉 html 标签的单词组合，也可以提高代码输入的速度和正确率。

打开素材中的 Exercise7.html 文件，单击"开始打字测试"按钮，在文本框输入上面的单词，输入完成后，单击"结束/计算速度"按钮即可显示所用时间、错误数量和输入速度等信息。

项目 8

CSS 3 创建网页菜单

- ■项目描述
- ■知识准备
- ■项目实施
- ■项目拓展
- ■项目小结
- ■技能训练

8.1 项目描述

通过网页菜单可以在不同的网页分类中自由切换，网页菜单也是网站内容条理化、交互人性化不可或缺的元素之一。利用项目列表、超链接和 CSS 3 属性，能够制作出美观大方的网页菜单。

> **本项目学习要点** ⇨
> 1. 用 CSS 3 美化超链接；
> 2. 用 CSS 3 美化项目列表；
> 3. 用 CSS 3 制作网页菜单。

8.2 知识准备

超链接是网页的核心，每个网页都是通过超链接实现互相访问和页面跳转，通过 CSS 3 属性设置能够把超链接的样式及外观控制得更加完美，把系统状态和鼠标箭头的样式相应改变，把乏味的项目列表转换为漂亮的导航菜单，从而增强人机交互的视觉体验。

8.2.1 CSS 3 美化超链接

超链接是由 `<a></a>` 标签组成的，超链接可以是文字或图片，添加了超链接的文字有自己的样式，其中默认链接样式为蓝色文字、有下划线，但可以通过 CSS 3 属性设置修饰美化超链接，实现丰富美观的效果。

1. 改变超链接的基本样式

伪类是 CSS 本身定义的一种类，使用伪类可以定义超链接在不同状态下的样式效果。超链接的伪类有 4 种状态，详细信息如表 8-1 所示。

表 8-1 使用伪类定义动态超链接

属性	说明
a:link	定义 a 元素未访问时的样式
a:visited	定义 a 元素访问后的样式
a:hover	定义鼠标经过显示的样式
a:active	定义鼠标单击激活时的样式

想要定义未被访问的超链接样式，可以通过 a:link 来实现，要设置被访问过的超链接样式，可以通过 a:visited 来实现，要设置鼠标经过和激活时的样式用 a:hover 和 a:active 来实现。

格式为：

```
a:link{CSS 样式}
a:visited{CSS 样式}
a:hover{CSS 样式}
a:active{CSS 样式}
```

定义这 4 个伪类，必须按照"link、visited、hover、active"的顺序进行，不然浏览器可能无法正常显示这 4 种样式。

2. 设置带有提示信息的超链接

超链接的文字比较简洁，有时不能表达这个超链接的含义，通常是为超链接添加上一些介绍性信息，即提示信息。要设置这样的信息，可以通过超链接信息的描述标记 title 来实现，title 属性的值为提示的内容。

格式为：

```
<a href="" title="提示信息的文本内容"></a>
```

【例 8-1】超链接基本样式和提示信息实例，代码如下所示（示例文件 8-1.html）。

```
1   <!DOCTYPE html>
2   <html lang="en">
3   <head>
4           <meta charset="UTF-8">
5           <title>超链接基本样式和提示信息</title>
6           <style>
7                   #nav1{padding:20px;}
8                   a{color:#545454;text-decoration:none;margin:3px;padding:3px;}
9                   a:link{color:#545454;}
10                  a:visited{color:#545454;}
11                  a:hover{color:#f60;text-decoration:underline;}
12                  a:active{color:#f63;}
13          </style>
14  </head>
15  <body>
16          <div id="nav1">
17                  <a href="#">首页</a>|
18                  <a href="#">产品展示</a>|
19                  <a href="#">售后服务</a>|
20                  <a href="#">联系我们</a>|
21                  <a href="#" title="我们是一个团结的集体">关于我们</a>
22          </div>
23  </body>
24  </html>
```

在浏览器中预览效果如图 8-1 所示。

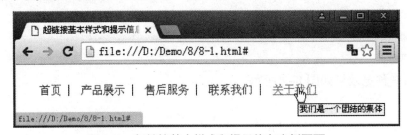

图 8-1 超链接基本样式和提示信息实例页面

超链接的
基本样式

3. 设置超链接的背景图

超链接不仅可以使用文字，也可以使用背景图片加文字和背景颜色加文字的形式来显示，这样的超链接会更加精美。超链接添加背景图片，使用 background-image 来实现；超链接添加背景颜色，使用 background-color 来实现。

【例 8-2】设置超链接的背景颜色实例，代码如下所示（示例文件 8-2.html）。

```
1   <!DOCTYPE html>
2   <html lang="en">
3   <head>
4       <meta charset="UTF-8">
5       <title>设置超链接背景颜色</title>
6       <style type="text/css">
7           .nav{margin:20px;font-size:14px;font-family:微软雅黑;}
8           a{
9               color:#333;
10              text-decoration:none;
11              display:block;
12              float:left;
13              text-align:center;
14              height:30px;
15              line-height:30px;
16              width:100px;
17              background-color:#efefef;
18              margin-left:6px;
19          }
20          a:hover{ background-color:#F60; color:#fff}
21      </style>
22  </head>
23  <body>
24      <div class="nav">
25          <a href="#">首    页</a>
26          <a href="#">关于我们</a>
27          <a href="#">产品展示</a>
28          <a href="#">售后服务</a>
29          <a href="#">联系我们</a>
30      </div>
31  </body>
32  </html>
```

在浏览器中预览效果如图 8-2 所示。

项目 8　CSS 3 创建网页菜单

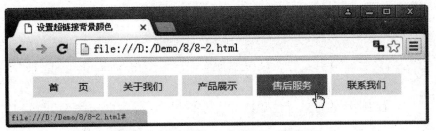

变背景颜色的文字菜单

图 8-2　设置超链接背景颜色实例页面

4. 设置超链接的按钮效果

为了增强超链接的视觉效果，会将超链接模拟成表单按钮，当鼠标指针移动到一个超链接上时，超链接的文本或图片就会像被按下有种凹陷的效果。其实现方式是利用 CSS 中的 a:hover，当鼠标指针经过链接时，链接向下、向右各移一个像素，这样显示效果就像按钮按下了一样。

【例 8-3】超链接按钮效果实例，代码如下所示（示例文件 8-3.html）。

```
1   <!DOCTYPE html>
2   <html lang="en">
3   <head>
4       <meta charset="UTF-8">
5       <title>超链接按钮效果</title>
6       <style>
7           #nav{margin-top:10px; padding:20px;border:1px red solid;}
8           a{font-family:微软雅黑;text-align:center;margin:3px;}
9           a:link,a:visited{
10              color:#ac2300;
11              padding:4px 10px 4px 10px;
12              background-color:#ccd8db;
13              text-decoration:none;
14              border-top:1px solid #eeeeee;
15              border-left:1px solid #eeeeee;
16              border-bottom:1px solid #717171;
17              border-right:1px solid #717171;
18          }
19          a:hover{
20              color:#821821;
21              padding:5px 8px 3px 12px;
22              background-color:#e2c4c9;
23              text-decoration:none;
24              border-top:1px solid #717171;
25              border-left:1px solid #717171;
26              border-bottom:1px solid #eeeeee;
27              border-right:1px solid #eeeeee;
```

157

```
28                    }
29            </style>
30    </head>
31    <body>
32            <div id="nav">
33                    <a href="#">首页</a>
34                    <a href="#">关于我们</a>
35                    <a href="#">品牌特卖</a>
36                    <a href="#">产品展示</a>
37                    <a href="#">联系我们</a>
38            </div>
39    </body>
40    </html>
```

在浏览器中预览效果如图 8-3 所示。

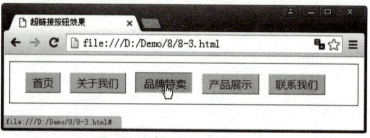

图 8-3　超链接按钮效果实例页面

5. 设置超链接的鼠标样式

想要在网页中实现鼠标样式改变的效果，可以通过 CSS 属性设置来实现。CSS3 中鼠标箭头样式可以通过 cursor 属性来实现。cursor 属性有 17 个属性值，对应鼠标的 17 个样式，如表 8-2 所示。当鼠标指针经过超链接时可以使用这些鼠标样式，达到相应的效果。一般情况常用的有"default"和"pointer"这两个属性值，其他的一般都很少用得上。

表 8-2　鼠标样式

cursor 值	描　　述
url	需使用的自定义光标的
default	默认光标（通常是一个箭头）
auto	默认。浏览器设置的光标
crosshair	光标呈现为十字线
pointer	光标呈现为指示链接的指针（一只手）
move	此光标指示某对象可被移动
e-resize	此光标指示矩形框的边缘可被向右（东）移动
ne-resize	此光标指示矩形框的边缘可被向上及向右移动（北/东）
nw-resize	此光标指示矩形框的边缘可被向上及向左移动（北/西）
n-resize	此光标指示矩形框的边缘可被向上（北）移动
se-resize	此光标指示矩形框的边缘可被向下及向右移动（南/东）

续表

cursor 值	描述
sw-resize	此光标指示矩形框的边缘可被向下及向左移动（南/西）
s-resize	此光标指示矩形框的边缘可被向下移动（南）
w-resize	此光标指示矩形框的边缘可被向左移动（西）
text	此光标指示文本
wait	此光标指示程序正忙（通常是一只表或沙漏）
help	此光标指示可用的帮助（通常是一个问号或一个气球）

8.2.2 CSS 3美化项目列表

在 HTML 5 中，项目列表用来显示一系列相关文本信息，包括有序列表、无序列表和自定义列表。在 CSS 3 中，只需要掌握 list-style-type 和 list-style-image 这两个属性，可以控制列表项符号的样式，实现美化项目列表的效果。

1. 美化无序列表和有序列表

在以前的项目学习中，有序列表和无序列表的列表项符号都是使用 type 属性来定义的，type 属性值可以为 "disc（默认值是实心圆）""circle（空心圆）"和"square（实心正方形）"，这是在标签属性中定义的。在 CSS 3 中，不管是有序列表还是无序列表，都使用 list-style-type 属性来定义列表符号，格式如下：

```
{list-style-type:属性值;}
```

list-style-type 属性值如表 8-3 和表 8-4 所示。

表 8-3 list-style-type 属性值（无序列表）

list-style-type 属性值	说明
disc	默认值，实心圆"●"
circle	空心圆"○"
square	实心正方形"■"
none	不使用任何符号

表 8-4 list-style-type 属性值（有序列表）

list-style-type 属性值	说明
decimal	默认值，数字 1、2、3……
lower-roman	小写罗马数字 i、ii、iii……
upper-roman	大写罗马数字 Ⅰ、Ⅱ、Ⅲ……
lower-alpha	小写英文字母 a、b、c……
upper-alpha	大写英文字母 A、B、C……
none	不使用任何符号

【例 8-4】美化无序列表和有序列表实例，代码如下所示（示例文件 8-4.html）。

```
1  <!DOCTYPE html>
2  <html lang="en">
```

```html
3   <head>
4         <meta charset="UTF-8">
5         <title>美化无序列表和有序列表</title>
6         <style>
7             *{margin:0px;padding:0px;font-family:微软雅黑;font-size:12px;}
8             .big01,.big02{
9                 width:400px;
10                border:1px red dashed;
11                margin:10px 0 0 10px;
12            }
13            p{margin:3px 0 0 5px;color:3ef;font-size:14px;}
14            .big01 ul{margin-left:40px;      list-style-type:disc;}
15            li{line-height:20px;}
16            .big02 ol{margin-left:40px;}
17        </style>
18   </head>
19   <body>
20        <div class="big01">
21            <p>无序列表</p>
22            <ul>
23                <li><a href="#">政府工作报告再提人工智能"四问"</a></li>
24                <li><a href="#">谷歌发布全球首个72量子比特通用量子计算机</a></li>
25                <li><a href="#">2018家博会开展在即格力将重磅发布节能</a></li>
26                <li><a href="#">全球首款"4D吃糖"设备：桥本环奈喂你吃糖</a></li>
27                <li><a href="#">华为CEO透露：今年华为会发布新款智能手表</a></li>
28            </ul>
29        </div>
30        <div class="big02">
31            <p>有序列表</p>
32            <ol>
33                <li><a href="#">政府工作报告再提人工智能 业界委员解答"四问"</a></li>
34                <li><a href="#">谷歌发布全球首个72量子比特通用量子计算机</a></li>
35                <li><a href="#">2018家博会开展在即 格力将重磅发布节能"黑科技..</a></li>
```

```
36                    <li><a href="#">全球首款"4D吃糖"设备：桥本环奈喂你吃糖
</a></li>
37                    <li><a href="#">华为CEO余承东透露：今年华为会发布新款智能
手表</a></li>
38                </ol>
39          </div>
40    </body>
41 </html>
```

在浏览器中预览效果如图8-4所示。

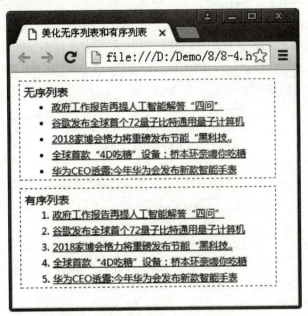

图8-4 美化无序列表和有序列表实例页面

2. 制作图片列表

在CSS 3中list-style-image属性用来定义有序或无序列表项标志的图像，可以将项目符号替换成任意的图像，格式如下：

`{list-style-image:none | url;}`

list-style-image属性值如表8-5所示。

表8-5 list-style-image属性值列表

list-style-image属性值	说　　明
none	不指定图像
url	使用绝对路径或相对路径指定图像

使用图像作为项目符号时，图像通常显示在列表的外部，在CSS 3中，图像相对于列表项内容的放置位置可以使用list-style-position属性进行控制，格式如下：

`{list-style-position:outside|inside;}`

list-style-position属性值如表8-6所示。

表 8-6 list-style-position 属性值列表

属性值	说 明
outside	列表项目标记放置在文本以外，且环绕文本不根据标记对齐
inside	列表项目标记放置在文本以内，且环绕文本根据标记对齐

【例 8-5】制作图片列表实例，代码如下所示（示例文件 8-5.html）。

```
1    <!DOCTYPE html>
2    <html lang="en">
3    <head>
4        <meta charset="UTF-8">
5        <title>制作图片列表</title>
6        <style>
7            *{margin:0px;padding:0px;font-family:微软雅黑;font-size:12px;}
8            .big01{
9                width:320px;
10               border:1px red dashed;
11               margin:10px 0 0 10px;
12           }
13           p{margin:3px 0 0 5px;color:3ef;font-size:14px;}
14           .big01 ul{margin-left:40px;}
15           li{
16               line-height:20px;
17               list-style-image:url(images/arrow_right.png);
18           }
19           .pos{list-style-position:inside;}
20       </style>
21   </head>
22   <body>
23       <div class="big01">
24           <p>图片列表</p>
25           <ul>
26               <li><a href="#">政府工作报告再提人工智能解答"四问"</a></li>
27               <li><a href="#">谷歌发布全球首个72量子比特通用量子计算机</a></li>
28               <li><a href="#">2018家博会开展在即 格力将重磅发布节能</a></li>
29               <li class="pos"><a href="#">全球首款"4D吃糖"设备</a></li>
30               <li class="pos"><a href="#">今年华为会发布新款智能手表</a></li>
31           </ul>
```

```
32          </div>
33  </body>
34  </html>
```

在浏览器中预览效果如图 8-5 所示。

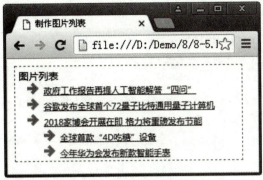

图 8-5　制作图片列表实例页面

3. 列表的复合属性

上面已经学习了使用 list-style-type 定义列表的项目符号、使用 list-style-image 定义列表的图片符号和使用 list-style-position 定义图片的显示位置，其实在对项目列表进行操作时，可以直接使用一个复合属性 list-style 来定义，格式如下：

```
{ list-style:style; }
```

其中 style 可以为如表 8-7 所示属性值的字符串（最多可以有 3 个，任意次序）。

表 8-7　list-style 属性值列表

属性值	说明
类型	list-style-type 属性使用的类型值的任意范围
图像	list-style-position 属性使用的图像值的任意范围
位置	list-style-position 属性使用的位置值的任意范围

【例 8-6】列表的复合属性实例，代码如下所示（示例文件 8-6.html）。

```
1   <!DOCTYPE html>
2   <html lang="en">
3   <head>
4       <meta charset="UTF-8">
5       <title>列表的复合属性</title>
6       <style>
7           *{margin:0px;padding:0px;font-family:微软雅黑;font-size:12px;}
8           .big01{
9               width:320px;
10              border:1px red dashed;
11              margin:10px 0 0 10px;
12          }
13          p{margin:3px 0 0 5px;color:3ef;font-size:14px;}
```

```
14            .big01 ul{margin-left:40px;}
15            li{line-height:20px;list-style:none;}
16            .pos{list-style:inside url(images/arrow_right.png);}
17        </style>
18  </head>
19  <body>
20      <div class="big01">
21          <p>列表的复合属性</p>
22          <ul>
23              <li><a href="#">政府工作报告再提人工智能解答"四问"</a></li>
24              <li><a href="#">谷歌发布全球首个72量子比特通用量子计算机</a></li>
25              <li><a href="#">2018家博会开展在即格力将重磅发布</a></li>
26              <li class="pos"><a href="#">全球首款"4D吃糖"设备</a></li>
27              <li class="pos"><a href="#">今年华为会发布新款智能手表</a></li>
28          </ul>
29      </div>
30  </body>
31  </html>
```

在浏览器中预览效果如图8-6所示。

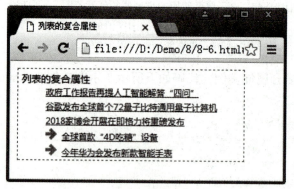

图8-6 列表的复合属性实例页面

8.3 项目实施

8.3.1 制作垂直导航菜单

此项目学习了CSS 3美化超链接和美化项目列表的相关知识，下面通过制作垂直导航菜单和水平导航菜单的项目，来巩固提高所学的知识要点。

具体操作步骤如下。

（1）启动 Sublime 程序，新建并保存文件名称为"8-7.html"。

（2）输入代码如下：

```html
1  <!DOCTYPE html>
2  <html lang="en">
3  <head>
4      <meta charset="UTF-8">
5      <title>垂直导航菜单的制作</title>
6      <style type="text/css">
7          *{margin:0; padding:0; font-size:14px;}
8          a{color:#333;text-decoration:none}
9          .nav{margin-left:50px;}
10         .nav li{list-style-type:none;}
11         .nav li a{
12             display:block;
13             text-align:center;
14             height:30px;
15             line-height:30px;
16             width:120px;
17             background-color:#efefef;
18             margin-bottom:1px;
19         }
20         .nav li a:hover{ background-color:#f60; color:#fff}
21     </style>
22 </head>
23 <body>
24     <ul class="nav">
25         <li><a href="#">首    页</a></li>
26         <li><a href="#">关于我们</a></li>
27         <li><a href="#">产品展示</a></li>
28         <li><a href="#">售后服务</a></li>
29         <li><a href="#">联系我们</a></li>
30     </ul>
31 </body>
32 </html>
```

在浏览器中预览效果如图 8-7 所示。

图 8-7　垂直导航菜单的制作实例页面

实例解析

以上代码第 6~21 行是内嵌式 CSS 样式部分。

第 7 行设置了浏览器所有元素的外边距为 0 像素（margin:0;）、内边距为 0 像素（padding:0;）、网页文字大小为 14 像素（font-size:14px;）。

第 8 行设置了所有 a 标签的颜色为 #333（color:#333;）、清除了 a 链接的下划线（text-decoration:none;）。

第 9 行设置了类名为 "nav" 的 ul 无序列表左边距为 50 像素（margin-left:50px;）。

第 10 行设置了无序列表项的项目符号为无（list-style-type:none;）。

第 11~19 行设置了 <li> 中的 a 标签为块状元素（display:block;）、文本居中对齐（text-align:center;）、高度为 30 像素（height:30px;）、宽度为 120 像素（width:120px;）、行高为 30 像素（line-height:30px;）、背景颜色为 #efefef（background-color:#efefef;），第 16 行利用下边距设置了两个 a 标签之间的间距为 1 像素（margin-bottom:1px;）。

第 20 行设置了当鼠标移动到 a 标签上时，a 标签的背景颜色为 #f60（background-color:#f60;）、文字颜色为白色（color:#fff;）。

第 24~30 行创建了一个类名为 "nav" 的 ul 无序列表，列表中有 5 个 li 列表项，在列表项中使用 a 标签创建超链接菜单。

8.3.2　制作水平导航菜单

水平导航菜单的制作只需要将上个项目实施中垂直菜单改为水平菜单，关键的步骤是将无序列表 ul 的宽度（width）去掉，li 标签进行左浮动（float:left;）。

具体操作步骤如下。

（1）启动 Sublime 程序，新建并保存文件名称为 "8-8.html"。

（2）输入代码如下：

```
1  <!DOCTYPE html>
2  <html lang="en">
3  <head>
4      <meta charset="UTF-8">
5      <title>水平导航菜单的制作</title>
```

```
6        <style type="text/css">
7              *{margin:0; padding:0; font-size:14px;}
8              a{color:#333;text-decoration:none;}
9              .nav{
10                  list-style:none;
11                  height:30px;
12                  border-bottom:10px solid #f60;
13                  margin-top:20px;
14                  padding-left:50px;
15             }
16             .nav li{float:left;list-style:none;}
17             .nav li a{
18                  display:block;
19                  height:30px;
20                  text-align:center;
21                  line-height:30px;
22                  width:80px;
23                  background:#efefef;
24                  margin-left:1px;
25             }
26             .nav li a:hover{background:#f60;color:#fff; }
27       </style>
28 </head>
29 <body>
30     <ul class="nav">
31         <li><a href="#">首    页</a></li>
32         <li><a href="#">关于我们</a></li>
33         <li><a href="#">产品展示</a></li>
34         <li><a href="#">售后服务</a></li>
35         <li><a href="#">联系我们</a></li>
36     </ul>
37 </body>
38 </html>
```

在浏览器中预览效果如图 8-8 所示。

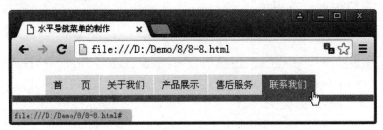

图 8-8　水平导航菜单的制作实例页面

> 实例解析

以上代码第 6~27 行是内嵌式 CSS 样式部分。

第 7 行设置了浏览器所有元素的外边距为 0 像素（margin:0;）、内边距为 0 像素（padding:0;）、网页文字大小为 14 像素（font-size:14px;）。

第 8 行设置了所有 a 标签的颜色为 #333（color:#333;）、清除了 a 链接的下划线（text-decoration:none;）。

第 9~15 行设置了类名为"nav"的 ul 无序列表项的列表样式为无（list-style:none;）、高度为 30 像素（height:30px;）、下边线为 10 像素的 #f60 颜色实线（border-bottom:10px solid #f60）、外上边距为 20 像素（margin-top:20px;）、左内边距为 50 像素（padding-left:50px;）。

第 16 行设置了类名为"nav"中的 li 标签向左浮动（float:left;)、无列表样式（list-style:none;）。

第 17~25 行设置了 <li> 中的 a 标签为块状元素（display:block;）、文本居中对齐（text-align:center;）、高度为 30 像素（height:30px;）、宽度为 80 像素（width:80px;）、行高为 30 像素（line-height:30px;）、背景颜色为 #efefef（background:#efefef;）、外左边距为 1 像素（margin-left:1px;）。

第 26 行设置了当鼠标移动到 a 标签上的时候，a 标签的背景颜色为 #f60（background-color:#f60;）、文字颜色为白色（color:#fff;）。

第 30~36 行创建了一个类名为"nav"的 ul 无序列表，列表中有 5 个 li 列表项，在列表项中使用 a 标签创建超链接菜单。

8.4 项目拓展

在上面的项目实施中，分别学习了垂直、水平导航菜单的制作，但在实际运用中网页导航菜单不仅有水平菜单，也有垂直菜单，下面就如何制作一个完善的导航菜单进行项目拓展。

项目拓展既结合了水平导航菜单和垂直下拉子菜单的综合应用，还利用 CSS 3 动画属性的设置，实现了下拉子菜单的动画效果。

具体操作步骤如下。

（1）用 Sublime 编辑器新建并保存文件名称为"8-9.html"。

（2）输入代码如下：

```
1    <!DOCTYPE html>
2    <html lang="en">
3    <head>
4        <meta charset="utf-8">
5        <title>下拉导航菜单的制作</title>
6        <style>
7            *{margin:0;padding:0;box-sizing:border-box;font-family:微软雅黑;}
8            h3 {text-align:center;color:#f60;margin:10px auto;}
9            ul {list-style:none;}
10           nav {height:40px;margin:0px auto;background-color:#3498DB;text-align:center;}
```

```css
11      /*Flex 布局,请查阅其他资料*/
12      .main {display:flex;justify-content:center; }
13      .main li { margin:0 2%;}
14      .main li a{ width:100px;height:40px;border-left:2px solid #3498DB;}
15      a {
16          text-decoration:none;
17          color:#ffe;
18          text-transform:capitalize;
19          display:block;
20          padding:10px 15px;
21          font-size:16px;
22          transition:background-color 0.5s ease-in-out;
23      }
24      a:hover {
25          background-color:#631818;
26      }
27      .drop li {
28          opacity:0;
29          transform-origin:top center;
30      }
31      .drop li a {
32          background-color:#ea5b5b;
33          padding:10px 0;
34          margin-bottom:1px;
35          width:98px;
36      }
37      /*-------------- 下拉动画 --------------------*/
38      .main li:hover .drop li:first-of-type {
39          animation:drop 0.3s ease-in-out forwards;
40          animation-delay:0.2s;
41      }
42      .main li:hover .drop li:nth-of-type(2) {
43          animation:drop 0.3s ease-in-out forwards;
44          animation-delay:0.4s;
45      }
46      .main li:hover .drop li:nth-of-type(3) {
47          animation:drop 0.3s ease-in-out forwards;
48          animation-delay:0.6s;
49      }
50      .main li:hover .drop li:last-of-type {
51          animation:drop 0.3s ease-in-out forwards;
```

```
52        animation-delay:0.8s;
53      }
54      @keyframes drop {/* 动画实现的规则 */
55        0% {
56          opacity:0;
57          transform:scale(2);
58        }
59        100% {
60          opacity:1;
61          transform:scale(1);
62        }
63      }
64    </style>
65  </head>
66  <body>
67    <h3> 下拉导航菜单的制作 </h3>
68    <nav>
69      <ul class="main">
70        <li>
71          <a href="#"> 首页 </a>
72          <ul class="drop">
73            <li><a href="#"> 招贤纳士 </a></li>
74            <li><a href="#"> 业界资讯 </a></li>
75            <li><a href="#"> 技术支持 </a></li>
76            <li><a href="#"> 关于我们 </a></li>
77          </ul>
78        </li>
79        <li><a href="#"> 新闻资讯 </a>
80          <ul class="drop">
81            <li><a href="#"> 招贤纳士 </a></li>
82            <li><a href="#"> 业界资讯 </a></li>
83            <li><a href="#"> 技术支持 </a></li>
84            <li><a href="#"> 关于我们 </a></li>
85          </ul>
86        </li>
87        <li><a href="#"> 支持服务 </a>
88          <ul class="drop">
89            <li><a href="#"> 招贤纳士 </a></li>
90            <li><a href="#"> 业界资讯 </a></li>
91            <li><a href="#"> 技术支持 </a></li>
92            <li><a href="#"> 关于我们 </a></li>
```

```html
93              </ul>
94           </li>
95           <li><a href="#">招贤纳士</a>
96              <ul class="drop">
97                 <li><a href="#">招贤纳士</a></li>
98                 <li><a href="#">业界资讯</a></li>
99                 <li><a href="#">技术支持</a></li>
100                <li><a href="#">关于我们</a></li>
101             </ul>
102          </li>
103          <li><a href="#">团队建设</a>
104             <ul class="drop">
105                <li><a href="#">招贤纳士</a></li>
106                <li><a href="#">业界资讯</a></li>
107                <li><a href="#">技术支持</a></li>
108                <li><a href="#">关于我们</a></li>
109             </ul>
110          </li>
111          <li><a href="#">关于我们</a>
112             <ul class="drop">
113                <li><a href="#">招贤纳士</a></li>
114                <li><a href="#">业界资讯</a></li>
115                <li><a href="#">技术支持</a></li>
116                <li><a href="#">关于我们</a></li>
117             </ul>
118          </li>
119       </ul>
120    </nav>
121 </body>
122 </html>
```

下拉导航菜单的制作1

（3）再次保存文件后，在页面中右击，从弹出的快捷菜单中选择"在浏览器中打开"命令，效果如图 8-9 所示。

图 8-9 下拉导航菜单的制作实例页面

下拉导航菜单的制作2

> **实例解析**

以上代码主要分为两部分，一是第 6~64 行的 CSS 部分，二是第 67~120 行的 HTML 代码部分。

其中 CSS 部分由 3 个模块来实现相应的效果，分别是导航菜单的基本样式设置、子菜单下拉动画的实现和动画实现的规则定义。

第 7 行设置了浏览器所有元素的外边距为 0 像素（margin:0;）、内边距为 0 像素（padding:0;）、所有元素的任何内边距和边框都将在已经设定的宽度和高度内进行绘制（box-sizing:border-box;）、网页文字字体为微软雅黑（font-family:微软雅黑;）。

第 9 行设置了无序列表的列表样式为无（list-style:none;）。

第 10 行设置了标签名为"nav"的高度为 40 像素（height:40px;）、上下外边距为 0 像素和左右外边距为自动（margin:0px auto; 此设置实现了元素的水平居中）、背景颜色为 #3498DB（background-color:#3498DB;）、文本水平居中（text-align:center;）。

第 12 行设置了类名为"main"的布局方式为弹性布局（display:flex;）、位于弹性布局盒子中心（justify-content:center;）。

第 13 行设置了类名为"main"中的 li 标签左右两侧留出 2% 的边距（margin:0 2%;）。

第 14 行设置了 <li> 中的 a 标签高度为 40 像素（height:40px;）、宽度为 100 像素（width:100px;）、左边框为 2 像素的 #3498DB 颜色实线（border-left:2px solid #3498DB;）。

第 15~23 行设置了 a 标签的样式。

第 16 行设置了链接下划线为无（text-decoration:none;）。

第 17 行设置文字颜色为 #ffe（color:#ffe;）。

第 18 行控制文本的大小写为每个单词以大写字母开头（text-transform:capitalize;）。

第 19~21 行设置了 a 标签的显示方式为块状（display:block;）、上下内边距为 10 像素、左右内边距为 15 像素（padding:10px 15px; 实际上是控制了 a 标签的位置）、文字大小为 16 像素（font-size:16px;）。

第 22 行设置了 a 标签的背景颜色的过渡效果为：在 0.2s 的时间里背景颜色淡入淡出（transition:background-color 0.5s ease-in-out;），其中 background-color 是要过渡的属性、0.5s 是过渡时间、ease-in-out 是过渡函数。

第 24~26 行设置了当鼠标指针移动到 a 标签上的时候，a 标签的背景颜色为 #631818（background-color:#631818;）。

第 27~30 行设置了类名为"drop"的 ul 无序列表中 li 列表项的透明度为 0（opacity:0;）、允许从 x 轴和 y 轴的上面和中心更改元素的位置（transform-origin:top center;）。

第 31~36 行设置了类名为"drop"的 ul 无序列表中 li 列表项下的 a 标签（水平菜单的垂直子菜单）的背景颜色为 #ea5b5b（background-color:#ea5b5b;）、上下内边距为 10 像素，左右内边距为 0 像素（padding:10px 0;）、下外边距为 1 像素（margin-bottom:1px;）、子菜单 a 标签的宽度为 98 像素（width:98px;），因为前面定义过 a 标签的宽度为 100 像素，左边框为 2 像素，为了水平菜单和垂直菜单宽度能够对齐，所以子菜单宽度为 98 像素。

第 38~53 行实现了子菜单下拉动画的效果。

第 38、42、46、50 行分别设置了子菜单列表第一项、第二项、第三项和最后一项的动画过渡规则、过渡时间、过渡函数和动画过渡之外的状态为开始状态（animation:drop 0.3s ease-in-out forwards;），这也是 animation 属性的复合属性设置。

第 40、44、48、52 行设置了不同列表项的不同动画延时。

第 54~63 行设置了名为"drop"的动画规则。

第 55~58 行定义了开始时的动画状态，透明度为 0（opacity:0;）、缩放到 2 倍大小（transform:scale(2);）。

第 59~62 行定义了结束时的动画状态，透明度为 1（opacity:1;）、缩放到本身大小（transform:scale(1);）。

HTML 代码部分主要是用 ul 无序列表的列表项实现了水平菜单，在水平菜单列表项中又使用 ul 无序列表实现垂直下拉子菜单的功能。如第 70~78 行创建了水平菜单项"首页"及"首页"下的 4 个子菜单项，同理创建其他水平菜单及下拉子菜单。

8.5 项目小结

本项目通过项目实施和项目拓展制作了垂直导航菜单、水平导航菜单和下拉导航菜单 3 个案例，学习了美化超链接、美化列表项的方法和网页菜单的制作技巧及方法，下面将学过的知识点进行总结。

8.5.1 美化超链接

（1）去除超链接的自带的下划线，使用"text-decoration:none;"来实现。

（2）定义 4 个伪类的 CSS 样式：a:link、a:visited、a:hover、a:active。

（3）注意定义 4 个伪类的顺序：link、visited、hover、active。

（4）超链接添加背景图片，使用 background-image 来实现。

（5）超链接添加背景颜色，使用 background-color 来实现。

（6）超链接的按钮效果，使用 CSS 中的 a:hover，当鼠标指针经过链接时，链接向下、向右各移一个像素，这样显示效果就像按钮按下了一样。

（7）超链接的鼠标样式，使用 cursor 来实现，常用的有 cursor:pointer。

8.5.2 美化项目列表

（1）改变列表项符号，使用 list-style-type 来实现，不要列表符号使用"list-style-type:none;"实现。

（2）使用图片作为项目列表项符号，用 list-style-image: url(相对路径或绝对路径)实现。

（3）项目列表项缩进，使用"list-style-position:inside;"实现。

（4）列表项的复合属性，使用"list-style: 属性值 1 属性值 2 属性值 3;"实现，属性值最多 3 个。

8.5.3 导航菜单制作技巧及方法

（1）基本的样式清除：*{margin:0;padding:0}。

（2）无序列表圆点去除：ul{list-style:none;}。

（3）下划线去除：a{text-decoration:none;}。

（4）文本缩进标签 text-indent 不会影响总体宽度。

（5）使用行高 line-height 可以实现文字垂直居中，前提是行高与标签的 height 相等。

（6）需要将 a 标签设置为块元素，才能设高宽、hover 效果，代码为"a{display:block}；hover"，格式为"a:hover{}"，通过"a:hover"可以为菜单增加交互效果。

（7）垂直菜单转变为水平菜单，使用"float:left;"实现。

8.6　技能训练

通过测试练习环节，对本项目涉及的英文单词进行重复练习，既可以熟悉 html 标签的单词组合，也可以提高代码输入的速度和正确率。

打开素材中的 Exercise8.html 文件，单击"开始打字测试"按钮，在文本框输入上面的单词，输入完成后，单击"结束/计算速度"按钮即可显示所用时间、错误数量和输入速度等信息。

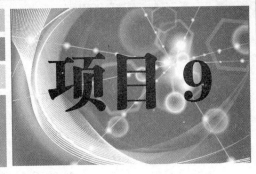

项目 9

CSS 3 修饰表格表单

- ■ 项目描述
- ■ 知识准备
- ■ 项目实施
- ■ 项目拓展
- ■ 项目小结
- ■ 技能训练

9.1　项目描述

任何一个页面都有不同的背景和基调，而对于单个元素，边框效果随处可见，表格和表单也是网页中最常见的元素，想要使网页页面达到整齐美观的视觉效果，就需要用 CSS 样式来进行美化。本项目学习使用 CSS 修饰表格表单，并掌握 CSS 美化边框、美化背景的方法。

> **本项目学习要点** ➪　1. 使用 CSS 美化背景；
> 　　　　　　　　　 2. 使用 CSS 美化边框；
> 　　　　　　　　　 3. 使用 CSS 设置边框圆角效果；
> 　　　　　　　　　 4. 使用 CSS 美化表格表单。

9.2　知识准备

9.2.1　使用CSS美化背景

在网页设计中，背景起到了重要的作用，好的背景能让浏览者耳目一新，吸引访问者继续浏览，所以网页前端设计者要懂得如何选择并设置合适的网页背景。

网页背景通常有设置背景颜色和设置背景图片两种方法。

1. 设置背景颜色

在 CSS 3 中，设置背景颜色的属性是 background-color，格式如下：

```
{ background-color:transparent | color;}
```

transparent 是默认值，表示透明。color 表示颜色，其设置方法有很多种，如英文单词、十六进制、RGB、HSL、HSLA、GRBA，设置方法已经在前面介绍过。

【例 9-1】为网页及段落设置背景颜色实例，代码如下所示（示例文件 9-1.html）。

```
1   <!DOCTYPE html>
2   <html lang="en">
3   <head>
4       <meta charset="UTF-8">
5       <title>CSS 设置背景颜色 </title>
6       <style>
7       body{
8           background-color:CadetBlue;
9       }
10      p{
11          background-color:rgb(154,205,50);
12          color:#ffffff;
13          line-height:30px;
14          text-align:center;
```

```
15            }
16        </style>
17 </head>
18 <body>
19 <P> 风高秋月白，雨霁晚霞红 </P>
20 </body>
21 </html>
```

在 Chrome 浏览器中预览效果如图 9-1 所示。

图 9-1　CSS 设置背景颜色实例页面

实例解析

第 7~9 行设置整个网页的背景颜色为蓝色（background-color:CadetBlue;），标签选择器为"body"，用于声明整个网页。

第 10~15 行设置了段落 p 的样式，应用于网页中所有 <p> 标签的元素。

第 11 行设置了背景颜色值为黄绿色（background-color:rgb(154,205,50);），这里使用的是 RGB 表示颜色的方法。

第 12 行设置了文字颜色值为白色（color:#ffffff;），这里用十六进制数表示颜色的方法。

第 13 行设置了行高为 30 像素（line-height:30px;）。

第 14 行设置了文字对齐方式为水平居中 (text-align:center;)。

2. 设置背景图片

在 CSS 3 中，设置背景图片的属性是 background-image，与背景颜色相同，背景图片既可以对整个网页进行设置，也可以对某些 HTML 元素进行设置，除此之外，还可以通过 CSS 样式对图片的排列方式等进行控制。格式如下：

```
{background-image:none | url(url);}
```

默认值为 none（无背景图），需要背景图时则要用 url 进行导入，url 可以应用相对地址，也可以用绝对地址。如果图片因为某些原因不能正常显示，则将以背景颜色替代。如果图片太小不能铺满全屏，则会重复出现直至铺满。但是这种方式往往不适用于大多数情况，所以需要使用下面这些属性。

（1）background-repeat 属性用于设置图片的重复方式，格式如下：

```
{background-repeat:repeat | repeat-x | repeat-y | no-reapeat}
```

各属性值和说明如表 9-1 所示。

表 9-1 background-repeat 属性值和说明

属性值	说　　明
repeat	背景图片水平方向和垂直方向都平铺
repeat-x	背景图片水平方向平铺
repeat-y	背景图片垂直方向平铺
no-reapeat	背景图片不平铺

重复的背景图片是从元素的左上角开始平铺，直到水平或垂直方向全部页面都被背景图片覆盖为止。

（2）background-attachment 属性。设置好背景图片后，如果文字部分较长，则会出现滚动条，当拖动滚动条向下浏览文字的时候，初始可见的背景图片就会看不到了。

要解决这个问题，就要使用 background-attachment 属性，该属性用来设置背景图片是否随着文档一起滚动，格式如下：

```
{background-attachment:scroll | fixed}
```

各属性值和说明如表 9-2 所示。

表 9-2 background-attachment 属性值和说明

属性值	说　　明
scroll	默认值，当页面滚动时，背景图片随页面一起滚动
fixed	背景图片固定在页面的可见区域中

（3）background-position 属性。默认情况下，背景图片的位置是从元素的左上角开始的，但实际的网页设计中，可以根据需要，直接指定图片的出现位置，这就用到了 background-position 属性，该属性用于指定背景图片在元素中的位置，属性值的设置可以分为四类：绝对定位位置、百分比定位位置、垂直对齐值和水平对齐值。格式如下：

```
{background-position:<length> | <percentage> | top | center | bottom | left | right}
```

各属性值和说明如表 9-3 所示。

表 9-3 background-position 属性值和说明

属性值	说　　明
<length>	设置图片与边框在水平和垂直方向的距离长度，后跟长度单位
<percentage>	以页面元素框的宽度和高度的百分比放置图片
top	背景图片顶部居中显示
center	背景图片居中显示
bottom	背景图片底部居中显示
left	背景图片左部居中显示
right	背景图片右部居中显示

background-position 属性后面也可以有垂直对齐值和水平对齐值两个属性值，这样可以同时决定水平与垂直位置。

例如，设置图片位置在右上角的代码为：

`{background-position:top right;}`

设置图片位置在水平 20 像素、垂直 30 像素的代码为：

`{background-position:20px 30px;}`

（4）background-size 属性。background-size 属性用来控制图片的大小，格式如下：

`{background-size:<length>|<percentage>|auto]{1,2}|cover|contain;}`

各属性值和说明如表 9-4 所示。

表 9-4　background-size 属性值和说明

属性值	说　　明
\<length\>	由浮点数和单位标识符组成的长度值
\<percentage\>	取值为 0%~100%
cover	保持背景图像本身的宽高比例，将图片缩放到正好覆盖所定义的背景区域
contain	保持图像本身的宽高比，将图片缩放到宽度或高度正好适应背景区域

（5）background-origin 属性。在默认情况下，background-position 属性总是以元素左上角原点作为背景图像的起始点，而用 background-origin 属性可以改变这种定位方式，格式如下：

`{background-origin:border | padding |content;}`

各属性值和说明如表 9-5 所示。

表 9-5　background-origin 属性值和说明

属性值	说　　明
border	从 border 区域开始显示背景
padding	从 padding 区域开始显示背景
content	从 content 区域开始显示背景

（6）background-clip 属性。该属性指定背景的绘制区域，格式如下：

`{background-clip:border-box | padding-box | content-box;}`

各属性值和说明如表 9-6 所示。

表 9-6　background-clip 属性值和说明

属性值	说　　明
border-box	背景绘制在边框方框内（含边框）
padding-box	背景绘制在边框方框内（不含边框）
content-box	背景绘制在内容方框内

【例 9-2】为网页及网页元素设置背景图片实例，代码如下所示（示例文件 9-2.html）。

```
1    <!DOCTYPE html>
2    <html lang="en">
3    <head>
4        <meta charset="UTF-8">
5        <title>CSS 设置背景图片 </title>
```

```
6        <style>
7   body
8   {
9        background-color:black;
10       background-image:url(images/03.jpg);
11       background-size:400px 500px;
12       background-position:0px 200px;
13       background-repeat:repeat-x;
14       background-attachment:fixed;
15  }
16  div{
17       color:#ffffff;
18       width:300px;
19       border:10px dashed #ffb90f;
20       padding:35px;
21       margin:150px;
22       background-image:url(images/04.jpg);
23       background-size:cover;
24       background-clip:padding-box;
25  }
26  </style>
27  </head>
28  <body>
29       <div>
30           <h2>虞美人</h2>
31           <p>春花秋月何时了,<br/>往事知多少。<br/>小楼昨夜又东风,<br/>故国不堪回首月明中。<br/>雕栏玉砌应犹在,<br/>只是朱颜改,<br/>问君能有几多愁,<br/>恰似一江春水向东流。</p>
32       </div>
33       <div>
34           <h2>水调歌头</h2>
35           <p>明月几时有?<br/>把酒问青天。<br/>不知天上宫阙,<br/>今夕是何年。<br/>我欲乘风归去,<br/>又恐琼楼玉宇,<br/>高处不胜寒。<br/>起舞弄清影,<br/>何似在人间?<br/>转朱阁,<br/>低绮户,<br/>照无眠。<br/>不应有恨,<br/>何事长向别时圆?<br/>人有悲欢离合,<br/>月有阴晴圆缺,<br/>此事古难全。<br/>但愿人长久,<br/>千里共婵娟。</p>
36       </div>
37  </body>
38  </html>
```

在 Chrome 浏览器中预览,效果如图 9-2 所示。

项目 9　CSS 3 修饰表格表单

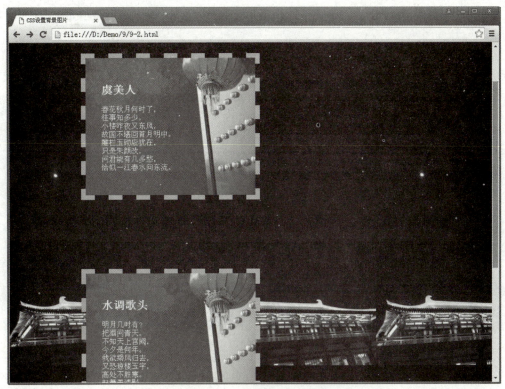

图 9-2　CSS 设置背景图片实例页面

实例解析

第 7~15 行设置了整个页面的背景样式，设置标签选择器为"body"的样式，用于声明网页的整个主体部分。

第 9 行设置了背景颜色为黑色（background-color:black;），当背景图片覆盖不到时，网页将以黑色显示。

第 10 行设置了背景图片地址（background-image:url(images/ 03.jpg);）。

第 11 行设置了图片大小为宽 400 像素、高 500 像素（background-size:400px 500px;）。

第 12 行设置了图片位置距水平原点 0 像素、距垂直原点 200 像素（background-position:0px 200px;）。

第 13 行设置了图片重复方式为横向重复（background-repeat:repeat-x;），即背景图片在网页中只在横向重复平铺。

第 14 行设置了图片滚动为不随文字滚动（background-attachment:fixed;），所以当下拉滚动条的时候，背景图片的位置并不发生变化。

第 16~25 行设置了 div 的样式，该样式应用于网页中所有的 div 标签。

第 17~22 行分别设置了文字颜色为白色（color:#ffffff;）、宽度为 300 像素（width:300px;）、边框为 10 像素的 #ffb90f 颜色虚线（border:10px dashed #ffb90f;）、内边距为 35 像素（padding:35px;）、外边距为 150 像素（margin:150px;）、背景图片（background-image:url(images/04.jpg);）。

第 23 行设置了图片大小为 cover（background-size:cover;），即图片保持宽高比例，自动适应背景区域，所以浏览时会看到两个 div 中背景图片的拉伸程度是不同的。

第 24 行设置了图片的剪裁区域为 padding-box（background-clip:padding-box;），即从 padding 区域开始显示背景。

如果将属性值设置为 border-box（从边框区域开始）或 content-box（从内容区域开始），其浏览效果如图 9-3 和图 9-4 所示。

图 9-3　设置为 border-box 时的效果　　　　图 9-4　设置为 content-box 时的效果

如果把第 24 行的语句改为"background-origin:padding-box;"，即设置改为图片从 padding 区域开始显示背景，效果如图 9-5 和图 9-6 所示。

图 9-5　设置 background-clip 属性效果　　　　图 9-6　设置 background-origin 属性效果

9.2.2　使用CSS设置线性边框

边框就是元素的边线，每个页面元素的边框可以从宽度、样式和颜色 3 个方面来描述，这 3 个方面决定了边框的外观，在 CSS 3 中分别使用 border-width、border-style 和 border-color 3 个属性来设置。而边框有上下左右四条，如果需要四条边框设置不同的样式，还需要分别指定。这些属性和说明如表 9-7 所示。

表 9-7 属性和说明

分 类	属 性	说 明
边框样式	border-style	所有边框的样式
	border-top-style	上边框样式
	border-right-style	右边框样式
	border-bottom-style	下边框样式
	border-left-style	左边框样式
边框颜色	border-color	所有边框的颜色
	border-top-color	上边框颜色
	border-right-color	右边框颜色
	border-bottom-color	下边框颜色
	border-left-color	左边框颜色
边框宽度	border-width	所有边框的宽度
	border-top-width	上边框颜色
	border-right- width	右边框颜色
	border-bottom- width	下边框颜色
	border-left- width	左边框颜色
简写属性	border	把四条边的 3 个属性一起设置
	border-top	把上边框的 3 个属性一起设置
	border-right	把右边框的 3 个属性一起设置
	border-bottom	把下边框的 3 个属性一起设置
	border-left	把左边框的 3 个属性一起设置

1. 边框样式

设置边框样式的格式如下：

```
{border-style:none|hidden|dotted|dashed|solid|double|groove|ridge|inset|outset;}
```

其属性值和说明如表 9-8 所示。

表 9-8 边框样式的属性值和说明

属性值	说 明
none	无边框
hidden	隐藏边框
dotted	点线式
dashed	破折线
solid	直线
double	双线
groove	槽线式
ridge	脊线式
inset	内嵌效果
outset	突起效果

例如，设置所有边框样式都是实线型的代码为：

`{border-style:solid;}`

设置上边框样式为双线型的代码为：

`{border-top-style:double;}`

2. 边框颜色

设置边框颜色的格式如下：

`{border-color:color;}`

color 表示颜色，其颜色值通过十六进制和 RGB 等方式设置。

例如，设置所有边框颜色为红色的代码为：

`{border-color:red;}`

设置下边框颜色为灰色的代码为：

`{border-bottom-color:#eeeeee;}`

3. 边框宽度

设置边框宽度的格式如下：

`{border-width:medium | thin|thick |< length>;}`

各属性值和说明如表 9-9 所示。

表 9-9 边框宽度的属性值和说明

属性值	说　明
medium	默认值，中等宽度
thin	细边框
thick	粗边框
length	自定义宽度

例如，设置所有边框都为细边框的代码为：

`{border-width:thin;}`

设置左边框宽度为 5 像素的代码为：

`{border-left-width:5px;}`

4. 边框的简写属性

border 等简写属性集合了上面介绍的 3 种属性，格式如下：

`{border:border-width | border-style | border-color;}`

3 个属性的顺序可以自由调换。

例如，设置所有边框为 10 像素的紫色虚线的代码为：

`{border:dashed purple 10px;}`

设置上边框为加粗的红色双线：

`{border-top:double red thick;}`

【例9-3】制作不同样式的边框实例，代码如下所示（示例文件9-3.html）。

```html
1  <!DOCTYPE html>
2  <html>
3  <head>
4      <meta charset="utf-8">
5      <title>不同的边框类型</title>
6  <style>
7      p.none {border-style:none;border-color:black;border-width:1px;}
8      p.dotted {border-style:dotted;border-color:pink;border-width:2px;}
9      p.dashed {border-style:dashed;border-color:orange;border-width:3px;}
10     p.solid {border-style:solid;border-color:yellow;border-width:4px;}
11     p.double {border-style:double;border-color:green;border-width:5px;}
12     p.groove {border-style:groove;border-color:blue;border-width:6px;}
13     p.ridge {border-style:ridge;border-color:purple;border-width:7px;}
14     p.inset {border-style:inset;border-color:ivory;border-width:8px;}
15     p.outset {border-style:outset;border-color:red;border-width:9px;}
16     p.difference{
17         border-top-style:outset;border-top-color:red;border-top-width:2px;
18         border-bottom-style:outset;border-bottom-color:blue;border-bottom-width:4px;
19         border-left-style:outset;border-left-color:green;border-left-width:6px;
20         border-right-style:outset;border-right-color:yellow;border-right-width:8px;
21     }
22     p.easy{border:black 2px double;}
23 </style>
24 </head>
25 <body>
26     <p class="none">无边框。</p>
27     <p class="dotted">虚线边框。</p>
28     <p class="dashed">虚线边框。</p>
29     <p class="solid">实线边框。</p>
30     <p class="double">双边框。</p>
31     <p class="groove">凹槽边框。</p>
32     <p class="ridge">垄状边框。</p>
33     <p class="inset">嵌入边框。</p>
34     <p class="outset">外凸边框。</p>
35     <p class="difference">四条边框都不同。</p>
36     <p class="easy">用简单写法</p>
37 </body>
38 </html>
```

在 Chrome 浏览器中预览效果如图 9-7 所示。

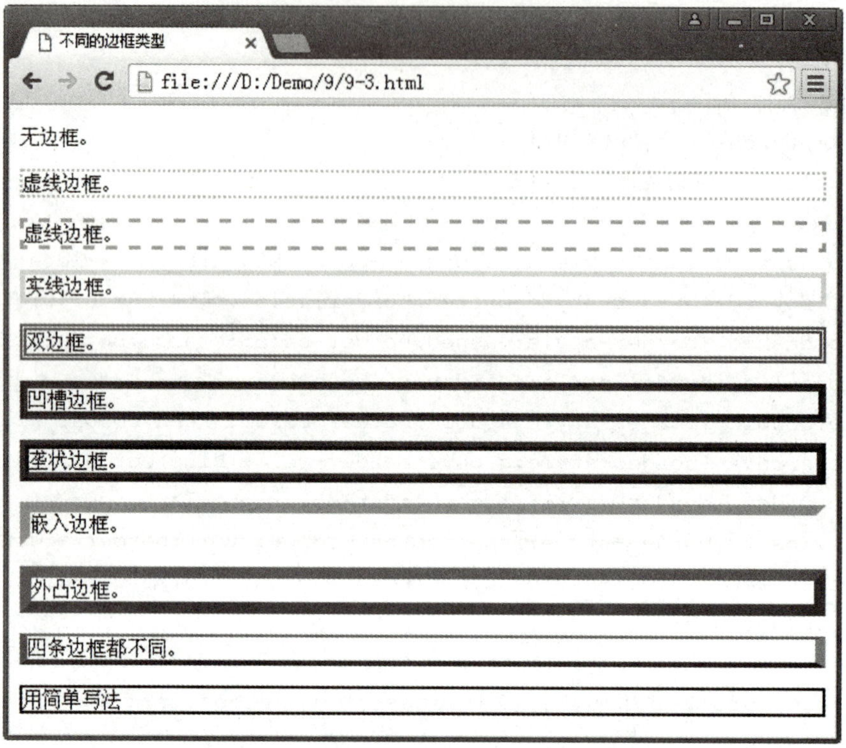

图 9-7 制作不同样式的边框实例页面

9.2.3 使用CSS设置圆角边框

CSS 3 的 border-radius 属性可用来定义边框的圆角效果，格式如下：

`{border-radius:none | <length>{1,4} [ / <length>{1,4}];}`

其中,none 是默认值，表示没有圆角；<length> 表示由浮点数和单位标识符组成的长度值。例如，设置圆角边框为 10 像素、圆角显示为 1/4 个圆的代码为：

`{border-radius:10px;}`

设置圆角的水平半径是 5 像素、垂直半径是 50 像素的代码为：

`{ border-radius:5px / 50px;}`

设置没有圆角的代码为：

`{border-radius:0px;}`（只要参数中出现 0，则为矩形，不显示圆角）

设置左上角圆角半径为 10 像素、右上角圆角半径为 20 像素、右下角圆角半径为 30 像素、左下角圆角半径为 40 像素的代码为：

`{border-radius:10px 20px 30px 40px;}`

如果最后一个值省略，左下角半径与右下角相同，如果第三个值省略，右下角半径与右上角相同，以此类推。

除了上面的设置方法以外，还可以单独给元素设置 4 个不同的圆角，属性和说明如表 9-10 所示。

表 9-10 属性和说明

属 性	说 明
border-top-right-radius	右上角的圆角
border-bottom-right-radius	右下角的圆角
border-bottom-left-radius	左下角的圆角
border-top-left-radius	左上角的圆角

例如，设置右上角的圆角为 10 像素的代码为：

`{border-top-right-radius:10px;}`

设置右下角的圆角为 20 像素的代码为：

`{border-bottom-right-radius:20px;}`

设置左下角的圆角为 30 像素的代码为：

`{border-bottom-left-radius:30px;}`

设置左上角的圆角为 40 像素的代码为：

`{border-top-left-radius:40px;}`

9.2.4 使用CSS设置边框阴影

在 CSS 3 中，使用 box-shadow 属性来设置边框阴影，格式如下：

`{box-shadow:h-shadow v-shadow blur spread color inset;}`

各属性值和说明如表 9-11 所示。

表 9-11 box-shadow 属性值和说明

属性值	说 明
h-shadow	水平阴影的位置，必需
v-shadow	垂直阴影的位置，必需
blur	模糊距离，可选
spread	阴影的尺寸，可选
color	阴影的颜色，可选
inset	将外部阴影改为内部阴影，可选

例如，设置水平阴影 10 像素、垂直阴影 10 像素、模糊距离 5 像素、阴影颜色为 #88888888 的代码为：

`{box-shadow:10px 10px 5px #88888888;}`

9.2.5 使用CSS设置图片边框

在 CSS 3 中，可以用 border-image 属性设置对象的图像边框，格式如下：

`{border-image:border-image-source border-image-slice border-image-width border-image-outset border-image-repeat;}`

各属性值和说明如表 9-12 所示。

表 9-12 border-image 属性值和说明

属性值	说 明
border-image-source	用在边框的图片路径
border-image-slice	图片边框内侧偏移
border-image-width	图片边框宽度
border-image-outset	边框图像区域超出边框的量
border-image-repeat	图像边框平铺（repeated）、铺满（rounded）或拉伸（stretched）

【例 9-4】制作不同样式的边框实例，代码如下所示（示例文件 9-4.html）。

```html
1  <!DOCTYPE html>
2  <html lang="en">
3  <head>
4      <meta charset="UTF-8">
5      <title>边框样式</title>
6      <style>
7          body{
8              margin:30px;
9              background-color:#E9E9E9;
10         }
11         .pic{
12             width:300px;
13             padding:10px 10px 20px 10px;
14             background-color:white;
15             box-shadow: 10px 10px 5px #88888888;
16             border:15px solid transparent;
17             border-image:url(images/border4.jpg) 30 30 round;
18         }
19         img{
20             border-top-left-radius: 20px;
21             border-top-right-radius: 20px;
22             border-bottom-left-radius: 10px;
23             border-bottom-right-radius: 10px;
24         }
25     </style>
26 </head>
27 <body>
28     <div class="pic">
29         <img src="images/02.jpg" alt="梅园亭" width="284" height="213" />
30         <h3 class="caption">大唐芙蓉园灯会</h3>
```

```
31        </div>
32 </body>
33 </html>
```

在 Chrome 浏览器中预览效果如图 9-8 所示。

图 9-8　边框样式实例页面

实例解析

第 7~10 行设置了整个页面主体部分的样式，标签选择器为"body"，第 8 行设置了网页的内边距为 30 像素（margin:30px;）；第 9 行设置了网页的背景颜色为 #E9E9E9（background-color:#E9E9E9;）。

第 11~18 行设置了类名为 .polaroid 的 div 块的样式，第 12 行设置了宽为 300 像素（width:300px;），第 13 行设置了内边距的大小，顺序为上右下左（padding:10px 10px 20px 10px;）；第 14 行设置了背景颜色为白色（background-color:white;）；第 15 行定义了边框阴影，水平方向为 10 像素，垂直方向为 10 像素，模糊距离为 5 像素，阴影颜色为 #888888（box-shadow: 10px 10px 5px #888888;）；第 16 行设置了边框宽度为 15 像素，线型为实线，颜色为透明（border:15px solid transparent;）；第 17 行设置了边框图片，上下方向内侧偏移为 30 像素，左右方向内侧偏移为 30 像素，边框图像重复方式为铺满（border-image:url(images/border4.jpg) 30 30 round）。

第 19~24 行设置了图片的圆角半径大小，左上为 20 像素（border-top-left-radius: 20px;）；右上为 20 像素（border-top-right-radius: 20px;）；左下为 10 像素（border-bottom-left-radius: 10px;）；右下为 10 像素（border-bottom-right-radius: 10px;）。

9.2.6　使用CSS修饰表格

以上使用 CSS 美化背景和边框的方法均适用于表格，但表格本身也有一些特有的属性。

1. border-collapse 属性

border-collapse 属性用于设置是否将表格边框折叠为单一边框，各属性值和说明如表 9-13 所示。

表 9-13 border-collapse 属性值和说明

属性值	说 明
separate	边框会被分开，不会忽略 border-spacing 和 empty-cells 属性
collapse	边框会合并为一个单一的边框，忽略 border-spacing 和 empty-cells 属性
inherit	从父元素继承 border-collapse 属性的值

2. border-spacing 属性

border-spacing 属性用于设置分隔单元格边框的距离，格式如下：

```
{border-spacing:length[length];}
```

length 是规定相邻单元的边框之间的距离，使用 px、cm 等单位，不允许使用负值。

如果定义一个 length 值，那么定义的是水平和垂直间距。

如果定义两个 length 值，那么第一个设置水平间距，第二个设置垂直间距。

3. caption-side 属性

caption-side 属性用于设置表格标题的位置，各属性值和说明如表 9-14 所示。

表 9-14 caption-side 属性值和说明

属性值	说 明
top	默认值。把表格标题定位在表格之上
bottom	把表格标题定位在表格之下
inherit	规定应该从父元素继承 caption-side 属性的值

4. empty-cells 属性

empty-cells 属性用于设置是否显示表格中的空单元格，各属性值和说明如表 9-15 所示。

表 9-15 empty-cells 属性值和说明

属性值	描 述
hide	不在空单元格周围绘制边框
show	在空单元格周围绘制边框，默认
inherit	规定应该从父元素继承 empty-cells 属性的值

5. table-layout 属性

table-layout 属性用于设置单元格是否自适应其中的内容，各属性值和说明如表 9-16 所示。

表 9-16 table-layout 属性值和说明

属性值	说 明
automatic	默认。列宽度由单元格内容设定
fixed	列宽由表格宽度和列宽度设定
inherit	规定应该从父元素继承 table-layout 属性的值

【例 9-5】用 CSS 修饰表格实例，代码如下所示（示例文件 9-5.html）。

```
1  <!DOCTYPE html>
2  <html>
3  <head>
4      <meta charset="utf-8">
5      <title>CSS 对表格的修饰</title>
6  <style>
7      table{
8              border-collapse:separate;
9              border-spacing:10px;
10             caption-side:top;
11             empty-cells:show;
12             table-layout:automatic;
13     }
14 </style>
15 </head>
16 <body>
17     <table border="1">
18             <caption>标题</caption>
19             <tr>
20             <td>第一季度</td>
21             <td>收益 100000 元</td>
22             </tr>
23             <tr>
24             <td>第二季度</td>
25             <td></td>
26             </tr>
27     </table>
28 </body>
29 </html>
```

在 Chrome 浏览器中预览，效果如图 9-9 所示。

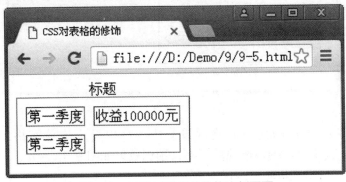

图 9-9　CSS 对表格的修饰实例页面

{border-collapse:separate;} 表示边框会被分开，如果将代码改为 {border-collapse:collapse;}，内部的边框会合并为一条边框，显示效果如图 9-10 所示。

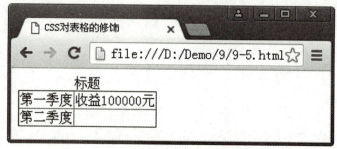

图 9-10　合并内部边框效果

{border-spacing:10px;} 表示单元格之间的距离是 10 像素，如果将代码改为 {border-spacing:10px 20px;}，则表示单元格之间水平距离为 10 像素、垂直距离为 20 像素，预览效果如图 9-11 所示。

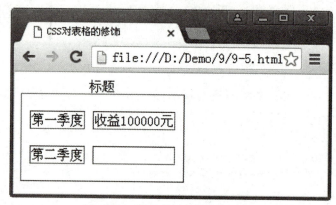

图 9-11　调整单元格之间的距离

{caption-side:top;} 表示标题在表格上方，如果将代码改为 {caption-side:bottom;}，则表示标题在表格下方，预览效果如图 9-12 所示。

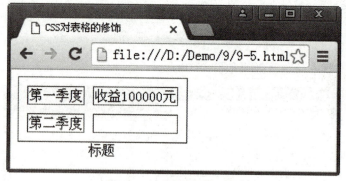

图 9-12　调整标题位置

{empty-cells:show;} 表示即使单元格内没有内容，也显示该单元格，如果将代码改为 {empty-cells:hide;}，则不显示无内容的单元格，预览效果如图 9-13 所示。

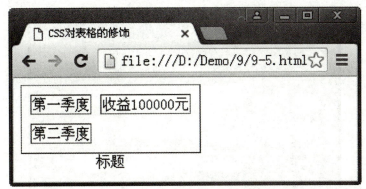

图 9-13 不显示无内容的单元格

如果把 18 行代码修改一下：<table border="1" width="100%">，由于第 13 行代码设置单元格宽度自动适应内容：table-layout:auto，所以预览效果如图 9-14 所示，如果将 13 行代码改为 table-layout:fixed，则此时单元格宽度会被平均分配，预览效果如图 9-14 和图 9-15 所示。

图 9-14 单元格宽度自动适应内容

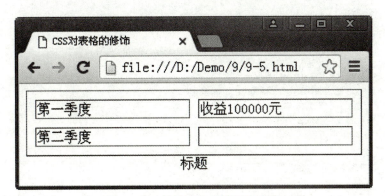

图 9-15 单元格宽度被平均分配

9.3 项目实施

结合前面学习的知识，用 CSS 修饰一个用于发送邮件的表单页面，如图 9-16 所示。

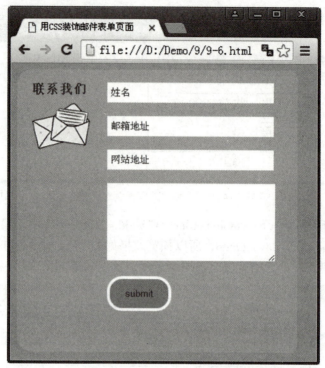

图 9-16 用 CSS 装饰邮件表单页面

具体操作步骤如下。

（1）打开 Sublime 编辑器，新建一个文件，保存文件名称为 "9-6.html"。

（2）输入 "！" 或者 "html:5"，按 Tab 键，会自动完成 html 基本代码填充，更改 head 标签中的 title 标签的内容为 "CSS 修饰邮件表单页面"，代码如下：

```
1  <!DOCTYPE html>
2  <html lang="en">
3  <head>
4      <meta charset="UTF-8">
5      <title> 用 CSS 修饰邮件表单页面 </title>
6  </head>
7  <body>
8  </body>
9  </html>
```

（3）在 body 标签中，先插入 form 表单，再在 form 表单中插入表格，在表格中填写各表单元素。

```
1  <form method="post"action="">
2      <table width="380px">
3          <tr>
4              <td class="mail" width="80px" rowspan="6" valign="top">
5                  <b> 联系我们 </b>
6              </td>
```

```
7           <td><input type="text" value=" 姓名 "></td>
8         </tr>
9         <tr>
10          <td><input type="text" value=" 邮箱地址 "></td>
11        </tr>
12        <tr>
13          <td><input type="text" value=" 网站地址 "></td>
14        </tr>
15        <tr>
16          <td><textarea rows="4" value=" 信息内容 "></textarea></td>
17        </tr>
18        <tr>
19          <td><input class="btn" type="submit" name="" value="submit"></td>
20        </tr>
21        <tr>
22          <td height="20px"></td>
23        </tr>
24     </table>
25 </form>
```

（4）在 head 标签中创建样式，插入 <style></style>，在其中设置各部分样式，代码如下：

```
1  <style>
2      body{
3          background-color:#9ccede;
4      }
5      table{
6          background-color:#add6e7;
7          border-spacing:20px 16px;
8          border-radius:20px 10px 10px 20px;
9      }
10     input,textarea{
11         line-height:25px;
12         width:220px;
13         border:none;
14         padding-left:5px;
15         color:#636363;
16     }
17     b{
18         letter-spacing:2px;
19         font-size:16px;
20     }
```

```
21      td.mail{
22            color:#52737f;
23            background-image:url(xinfeng.png);
24            background-repeat:no-repeat;
25            background-position:0px 25px;
26      }
27      input.btn{
28            width:87px;
29            line-height:37px;
30            border-radius:20px;
31            background-color:#8cbdce;
32            border:solid 4px #ffffff;
33      }
34 </style>
```

修饰邮件表单页面

实例解析

第 2~4 行设置了整个网页 body 的背景颜色,值为 #9ccede(background-color:#9ccede;)。

第 5~9 行设置了表格 table 的样式。背景颜色为 #add6e7(background-color:#add6e7;);单元格间距为水平 20 像素及垂直 16 像素(border-spacing:20px 16px;);4 个圆角边框,圆角半径依次是左上角 20 像素、右上角 10 像素、右下角 10 像素、左下角 20 像素(border-radius:20px 10px 10px 20px;)。

第 10~16 行设置了 input 元素(文本框、按钮)和 textarea(文本域)的样式。文本行高为 25 像素(line-height:25px;);元素宽度为 220px(width:220px;);元素边框为无(border:none;),因为大部分表单元素有默认的边框,所以要根据需要去掉默认边框;元素的内左边距为 5 像素(padding-left:5px;),所以当在表单中输入内容的时候,文字与边框的距离为 5 像素;文本颜色为 #636363(color:#636363;)。

第 17~20 行设置了"联系我们"4 个字的样式。文字之间的距离为 2 像素(letter-spacing:2px;);文字大小为 16 像素(font-size:16px;)。

第 21~26 行设置了 mail("联系我们"所在的单元格)的样式。文字颜色为 #52737f(color:#52737f;);背景图片为 xinfeng.png(background-image:url(imagea/xinfeng.png););背景图片的重复方式为不重复(background-repeat:no-repeat;);背景图片的位置为水平方向 0 像素、垂直方向 25 像素(background-position:0px 25px;)。

第 27~33 行设置了按钮的样式。宽度为 87 像素(width:87px;);文字行高为 37 像素(line-height:37px;);圆角半径为 20 像素(border-radius:20px;);背景颜色为 #8cbdce(background-color:#8cbdce;);边框为 4 像素的白色实线(border:solid 4px #ffffff;)。

9.4 项目拓展

用 CSS 修饰一个后台的表格页面,效果如图 9-17 所示。

项目 9　CSS 3 修饰表格表单

图 9-17　CSS 装饰表格页面

具体操作步骤如下。

(1) 新建 html 网页文件，保存文件名称为 "9-7.html"。

(2) 修改 title 标签内容为 "CSS 装饰表格"，代码如下：

```
1   <!DOCTYPE html>
2   <html lang="en">
3   <head>
4       <meta charset="UTF-8">
5       <title>CSS 装饰表格 </title>
6   </head>
7   <body>
8   </body>
9   </html>
```

(3) 在 body 中输入代码如下：

```
1   <div id="top">
2       <b>后台页面 </b>
3   </div>
4   <div id="body-panel">
5       <table class="table1">
6           <tr>
7               <td><a href="#" class="accept">提交 </a></td>
8               <td><a href="#" class="delete">删除 </a></td>
9               <td><a href="#" class="print">打印 </a></td>
10              <td><a href="#" class="refresh">修改 </a></td>
11              <td><a href="#" class="update">更新 </a></td>
12          </tr>
13      </table>
14      <table class="table2">
```

197

```html
15      <thead>
16          <tr>
17              <th> 是否质检 </th>
18              <th> 产品名称 </th>
19              <th> 产品编号 </th>
20              <th> 出库数量 </th>
21              <th> 采购单价 </th>
22              <th> 出库日期 </th>
23          </tr>
24      </thead>
25      <tbody>
26          <tr>
27              <td><input type="checkbox" /></td>
28              <td>panel 面板 </td>
29              <td>20180308001</td>
30              <td>500</td>
31              <td class="center">300</td>
32              <td class="center">2016-05-06</td>
33          </tr>
34          <tr class="gradeC">
35              <td><input type="checkbox" /></td>
36              <td>panel 面板 </td>
37              <td>20180308001</td>
38              <td>500</td>
39              <td class="center">300</td>
40              <td class="center">2016-05-06</td>
41          </tr>
42          <tr>
43              <td><input type="checkbox" /></td>
44              <td>panel 面板 </td>
45              <td>20180308001</td>
46              <td>500</td>
47              <td class="center">300</td>
48              <td class="center">2016-05-06</td>
49          </tr>
50          <tr class="gradeC">
51              <td><input type="checkbox" /></td>
52              <td>panel 面板 </td>
53              <td>20180308001</td>
54              <td>500</td>
55              <td class="center">300</td>
```

```
56              <td class="center">2016-05-06</td>
57          </tr>
58          <tr>
59              <td><input type="checkbox" /></td>
60              <td>panel 面板 </td>
61              <td>20180308001</td>
62              <td>500</td>
63              <td class="center">300</td>
64              <td class="center">2016-05-06</td>
65          </tr>
66      </tbody>
67  </table>
68 </div>
```

实例解析

第 1~3 行创建了一个 ID 名为 "top" 的 div 块，用于显示标题，标题以加粗形式显示。

第 4 行创建另一个 ID 名为 "body-panel" 的 div 块，用于显示两个表格，该块到第 68 行结束。

第 5~13 行创建了一个 1 行 5 列的表格 table1，每个单元格内创建一个超链接。

第 14~67 行创建了另一个表格 table2，其中第 15~24 行创建表格的标题行，第 25~66 行创建表格的主体部分。

（3）在 head 中输入样式代码如下：

```
1  <style>
2      #top{
3          padding: 15px;
4          font-size: 14px;
5          background-image: url(images/header-bg.png);
6          background-repeat: repeat-x;
7          border-radius: 5px;
8          color:#ffffff;
9      }
10     #body-panel{
11         background-color: #f8f8f8;
12         margin: 0 4px;
13         border:1px solid #bcbcbc;
14         border-top: 0;
15     }
16     .table1{
17         background-color: #f5f5f5;
18         background-image: url(images/toolbar.png);
19         background-repeat: repeat-x;
```

```css
20          border-spacing: 0;
21      }
22      .table1 tr td{border-right: 1px solid #d0d0d0;}
23      .table1 tr td a{
24          padding: 8px 30px 8px 40px;
25          color: #666666;
26          text-decoration: none;
27          display: block;
28      }
29      .accept,.delete,.print,.refresh,.update{background:no-repeat 20px 10px;}
30      .accept{background-image: url(images/accept.png);}
31      .delete{background-image: url(images/cross.png);}
32      .print{background-image: url(images/printer.png);}
33      .refresh{background-image: url(images/arrow_refresh.png);}
34      .update{background-image: url(images/pencil.png);}
35      .table2{
36          width: 100%;
37          border-top: 1px solid #d0d0d0;
38          border-collapse: collapse;
39          border-spacing: 0px;
40      }
41      .table2 thead th{
42          line-height: 30px;
43          background-color: #f5f5f5;
44          background-image: url(images/table-header.png);
45          background-repeat: repeat-x;
46          background-position: left bottom;
47          border:solid 2px #dddddd;
48          text-align: center;
49      }
50      .table2 tbody td{
51          line-height: 30px;
52          border:solid 2px #dddddd;
53          text-align: center;
54      }
55      .table2 .gradeC{
56          background-color: #f2f2f2;
57      }
58  </style>
```

CSS修饰表格

> **实例解析**

　　第 2-9 行设置了 ID 名为"top"的 div 块样式。内边距为 15 像素（padding: 15px;）；字体大小为 14 像素（font-size: 14px;）；背景图片为 header-bg.png（background-image: url(images/header-bg.png);）；背景图片的重复方式为水平方向重复（background-repeat: repeat-x;）；圆角半径为 5 像素（border-radius: 5px;）；文字颜色为白色（color:#ffffff;）。

　　第 10-15 行设置了 ID 名为"body-panel"的 div 块样式。背景颜色为 #f8f8f8（background-color: #f8f8f8;）；外边距为垂直方向 0 像素、水平方向 4 像素（margin: 0 4px;）；边框为 #bcbcbc 颜色的 1 像素实线（border:1px solid #bcbcbc;）；上边框为 0 像素（border-top: 0;）。

　　第 16-21 行设置了第一个表格 table1 的样式。背景颜色为 #f5f5f5（background-color: #f5f5f5;）；背景图片为 toolbar.png（background-image: url(images/toolbar.png);）；背景图片的重复方式为水平方向平铺（background-repeat: repeat-x;）；单元格间距为 0（border-spacing: 0;）。

　　第 22 行设置了 table1 中的单元格右边框为 #d0d0d0 颜色的 1 像素实线型（border-right: 1px solid #d0d0d0;）。

　　第 23-28 行设置了 table1 中的超链接样式。设置了内边距（padding: 8px 30px 8px 40px;），文字颜色（color: #666666;），下划线（text-decoration: none;），显示方式为块（display: block;）。

　　第 29 行设置了 table1 中几个超链接的背景图片为不重复，并且位置为水平方向 20 像素、垂直方向 10 像素（.accept,.delete,.print,.refresh,.update{background:no-repeat 20px 10px}）。

　　第 30-34 行分别设置了 table1 中的每个超链接的背景图片（background-image: url(images/accept.png)）

　　第 35-40 行设置了第二个表格 table2 的样式。表格宽度为 100%（width: 100%;）；表格边框为 #d0d0d0 颜色的 1 像素实线（border-top: 1px solid #d0d0d0;）；表格边框合并显示（border-collapse: collapse;）；单元格间距为 0（border-spacing: 0px;）。

　　第 41-49 行设置了第二个表格 table2 标题行单元格的样式。行高为 30 像素（line-height: 30px;）；背景颜色为 #f5f5f5（background-color: #f5f5f5;）；背景图片为 table-header.png（background-image: url(images/table-header.png);）；背景图片的重复方式为水平方向重复（background-repeat: repeat-x;）；背景图片位置为水平方向居左、垂直方向在底部（background-position: left bottom;）；单元格边框为 #dddddd 颜色的 2 像素实线（border:solid 2px #dddddd;）；文本对齐方式为居中对齐（text-align: center;）。

　　第 50-54 行设置 table2 主体部分单元格的样式。文本行高为 30 像素（line-height: 30px;）；单元格边框为 #dddddd 颜色的 2 像素实线（border:solid 2px #dddddd;）；单元格文本居中对齐（text-align: center;）。

　　第 55-57 行设置偶数行的背景颜色为 #f2f2f2（background-color: #f2f2f2;）。

9.5　项目小结

　　本项目通过项目实施和项目拓展只做了表单页面和表格页面，学习了 CSS 如何设置背景和边框，如何修饰表格和表单等元素，让网页更加美观。

　　本项目知识点总结如表 9-17 所示。

表 9-17　CSS 3 修饰表格表单的知识点总结

属　性	属性值	说　明
background-color		背景颜色
background-image	none| url(url)	背景图片
background-repeat	repeat|repeat-x|repeat-y| no-repeat	背景图片重复
background-attachment	scroll |fixed	背景图片随文字滚动
background-position	\<length>|\<percentage>| top | center | bottom | left| right	背景图片位置
background-size	\<length>|\<percentage>| cover| contain	背景图片大小
background-origin	border| padding| content	背景图片的起始点
background-clip	border-box| padding-box| content-box	背景图片绘制区域
border		边框属性
border-style	none| dotted |dashed |solid| doubled| groove |ridge |inset |outset	边框样式
border-color		边框颜色
border-width	medium thin think length	边框宽度
border-radius	none | \<length>{1,4} [/ \<length>{1,4}];}	边框圆角
box-shadow	h-shadow| v-shadow| blur| spread| color| inset	边框阴影
border-image	border-image-source	图片边框
	border-image-slice	
	border-image-width	
	border-image-outset	
	border-image-repeat	
border-collapse	separate| collapse| inherit	表格边框是否折叠
border-spacing	length[length]	单元格边框的距离
caption-side	top| bottom| inherit	表格标题的位置
empty-cells	hide| show | inherit	是否显示空白单元格
table-layout	automatic| fixed | inherit	单元格是否自动适应内容

9.6　技能训练

通过测试练习环节，对本项目涉及的英文单词进行重复练习，既可以熟悉 html 标签的单词组合，也可以提高代码输入的速度和正确率。

打开素材中的 Exercise9.html 文件，单击"开始打字测试"按钮，在文本框输入上面的单词，输入完成后，单击"结束 / 计算速度"按钮即可显示所用时间、错误数量和输入速度等信息。

项目 10

CSS 3 创建网格布局

- 项目描述
- 知识准备
- 项目实施
- 项目拓展
- 项目小结
- 技能训练

10.1 项目描述

网格布局是网站设计的基础，CSS Grid 是创建网格布局最强大和最简单的工具。网格布局目前获得了主流新版本浏览器（Safari、Chrome、Firefox、Edge）的原生支持，所以前端开发人员都必须学习这项技术。

> **本项目学习要点** ⇨ 1. 网格布局的术语；
> 2. 网格容器的属性；
> 3. 网格项元素属性；
> 4. 如何创建网格布局；
> 5. 创建双飞翼布局。

10.2 知识准备

CSS 主要用于布局网页，但一直以来都存在这样或那样的问题。一开始用表格（table），然后用浮动（float），再用定位（postion）和内嵌块（inline-block），但是所有这些方法本质上都是 hack 而已，并且遗漏了很多重要的功能（如垂直居中）。后来，Flexbox 在很大程度上改善了布局方式，但它是为了解决更简单的一维布局，而不是复杂的二维布局。Grid 布局是专门为了解决二维布局问题而创建的 CSS 模块，是有史以来最强大的 CSS 模块之一。

10.2.1 网格布局的重要术语

1. 网格容器 (Grid Container) 和网格项 (Grid Item)

（1）网格容器。任何应用 display 属性值为 grid 的元素就是网格容器，是所有网格项（Grid Items）的父级元素。

（2）网格项。网格容器（Grid Container）的子元素（如直接子元素）。

【例 10-1】创建具有 3 个子元素的网格容器，代码如下所示（示例文件 10-1.html）。

```
1  <!DOCTYPE html>
2  <html lang="en">
3  <head>
4      <meta charset="UTF-8">
5      <title> 网格容器和网格项 </title>
6      <style>
7          /* 只要 display 的值为 grid，这个元素就是网格容器 */
8          .container{
9              display:grid;
10         }
11     </style>
12 </head>
```

```
13  <body>
14      <div class="container">
15          <div class="item1">第 1 个网格项 </div>
16          <div class="item2">第 2 个网格项 </div>
17          <div class="item3">第 3 个网格项 </div>
18      </div>
19  </body>
20  </html>
```

2. 网格线（Grid Line）

构成网格结构的分界线。它们既可以是垂直的，也可以是水平的，并位于行或列的任一侧，如图 10-1 所示的线就是一条列网格线。

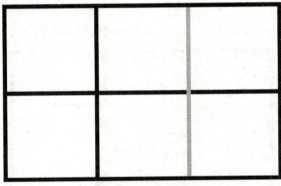

图 10-1　网格线

3. 网格轨道（Grid Track）

两条相邻网格线之间的空间，可以把它们想象成网格的列或行。如图 10-2 所示的第 1 条和第 3 条行网格线之间的空间就是网格轨道。

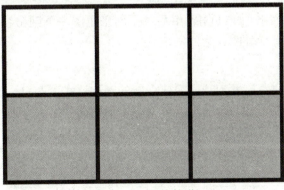

图 10-2　网格轨道

4. 网格单元格（Grid Cell）

两个相邻的行和两个相邻的列网格线之间的空间。这是网格系统的一个"单元格"。如图 10-3 所示，第 1 条至第 2 条行网格线和第 2 条至第 3 条列网格线交汇构成的空间，就是网格单元格。

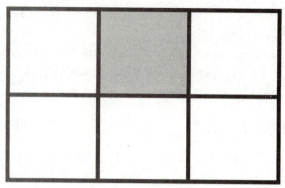

图 10-3　网格单元格

5. 网格区域（Grid Area）

四条网格线包围的总空间。一个网格区域可以由任意数量的网格单元格组成。如图 10-4 所示，第 1 条到第 3 条行网格线和第 1 条到第 3 条列网格线之间的空间，就是网格区域。

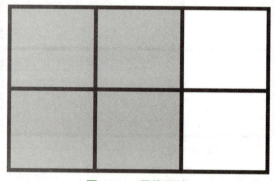

图 10-4　网格区域

10.2.2　父元素网格容器属性

了解了网格容器和网格项的专用术语后，下面来了解一下网格容器和网格项的一些重要属性。网格容器具有 16 个属性。

1. display 属性

将元素定义为网格容器，并为其内容建立新的网格格式。display 属性值如表 10-1 所示。

表 10-1　display 属性值

display 属性	含　义
grid	生成一个块级网格
inline-grid	生成一个内联网格
subgrid	表示网格容器本身是另一个网格的网格项（即嵌套网格）

CSS 代码格式如下：

```
.container{
    display:grid|inline-grid|subgrid;
}
```

需要注意一点，在网格容器（Grid Container）上使用 column、float、clear、vertical-align 不会产生任何效果。

2. grid-template-columns 和 grid-template-rows 属性

使用空格分隔的值列表用来定义网格的列和行。这些值表示网格轨道大小，它们之间的空格表示网格线。属性值为 <track-size> 与 <line-name>。

（1）<track-size>：可以是长度值、百分比或等份网格容器中可用空间（fr 单位）。

（2）<line-name>：可以选择的任意名称。

CSS 代码格式如下：

```
.container {
  grid-template-columns:<track-size> ... | <line-name> <track-size> ...;
  grid-template-rows:<track-size> ... | <line-name> <track-size> ...;
}
```

【例 10-2】创建一个 3 行 5 列的网格布局（示例文件 10-2.html）。

```
1  <!DOCTYPE html>
2  <html lang="en">
3  <head>
4      <meta charset="UTF-8">
5      <title>网格划分</title>
6      <style>
7          .container{
8              display:grid;
9              height:300px;
10             grid-template-columns:40px 50px auto 50px 40px;
11             grid-template-rows:25% 100px auto;
12             grid-gap:10px;
13         }
14         .container div{background-color:green;}
15     </style>
16 </head>
17 <body>
18     <div class="container">
19         <div class="item1">1</div>
20         <div class="item2">2</div>
21         <div class="item3">3</div>
22         <div class="item4">4</div>
23         <div class="item5">5</div>
24         <div class="item6">6</div>
25         <div class="item7">7</div>
26         <div class="item8">8</div>
27         <div class="item9">9</div>
```

```
28            <div class="item10">10</div>
29            <div class="item11">11</div>
30            <div class="item12">12</div>
31            <div class="item13">13</div>
32            <div class="item14">14</div>
33            <div class="item15">15</div>
34        </div>
35 </body>
36 </html>
```

在浏览器中预览效果如图 10-5 所示。

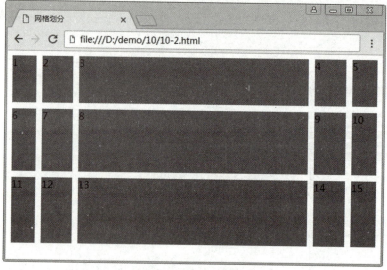

图 10-5　网格布局效果

当在网格轨道 (Grid Track) 值之间留出空格时，网格线会自动分配数字名称，如图 10-6 所示。

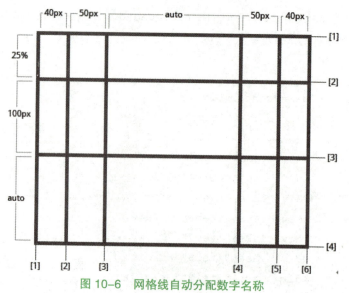

图 10-6　网格线自动分配数字名称

也可以明确地指定网格线 (Grid Line) 名称，即 <line-name> 值，如图 10-7 所示。注意网格线名称的括号语法，修改例 10-2 中的第 7~13 行，也可以得到如图 10-5 所示的效果。

```
1    .container{
2        display:grid;
3        height:300px;
4        background-color:#000;
5        grid-template-columns:[first] 40px [line2] 50px [line3] auto [col4-start] 50px [five] 40px [end];
6        grid-template-rows:[row1-start] 25% [row1-end] 100px [third-line] auto [last-line];
7        grid-gap:10px;
8    }
```

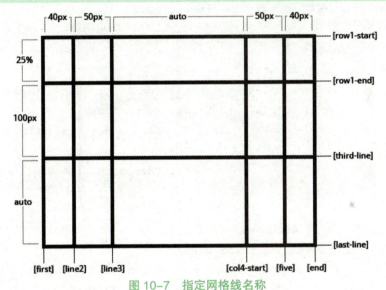

图 10-7　指定网格线名称

fr 单位是指用等分网格容器剩余可用空间来设置网格轨道的大小。例如，下面的代码会将每个网格项设置为网格容器宽度的 1/3。

```
.container{
grid-template-columns:1fr 1fr 1fr;
}
```

剩余可用空间是除去所有非灵活网格项之后计算得到的。在上面的例子中，可用空间总量减去 50px 后，再给 fr 单元的值三等分，CSS 代码如下。

```
.container{
grid-template-columns:1fr 50px 1fr 1fr;
}
```

3. grid-template-areas 属性

通过引用 grid-area 属性指定网格区域名称来定义网格模板。重复网格区域的名称导致内容跨越这些单元格。一个点号（.）代表一个空的网格单元。这个语法本身可视作网格的可视化结构。grid-template-areas 属性值如表 10-2 所示。

表 10-2 grid-template-areas 属性值

grid-template-areas 属性值	含义
<grid-area-name>	由网格项的 grid-area 指定的网格区域名称
.（点号）	代表一个空的网格单元
none	不定义网格区域

【例 10-3】创建一个 4 列 3 行的网格（示例文件 10-3.html）。

```
1   <!DOCTYPE html>
2   <html lang="en">
3   <head>
4       <meta charset="UTF-8">
5       <title>创建一个 4 列 3 行的网格</title>
6       <style>
7       .container{
8           display:grid;
9           grid-template-columns:100px 100px 100px 100px;
10          grid-template-rows:50px 200px 50px;
11          grid-template-areas:"header header header header"
12                              "main main.sidebar"
13                              "footer footer footer footer";
14      }
15      .item1{
16          grid-area:header;
17          background-color:blue;
18      }
19      .item2{
20          grid-area:main;
21          background-color:yellow;
22      }
23      .item3{
24          grid-area:sidebar;
25          background-color:pink;
26      }
27      .item4{
28          grid-area:footer;
29          background-color:green;
30      }
31      </style>
32  </head>
33  <body>
```

```
34          <div class="container">
35              <div class="item1">header</div>
36              <div class="item2">main</div>
37              <div class="item3">sidebar</div>
38              <div class="item4">footer</div>
39          </div>
40      </body>
41  </html>
```

在浏览器中预览效果如图 10-8 所示。

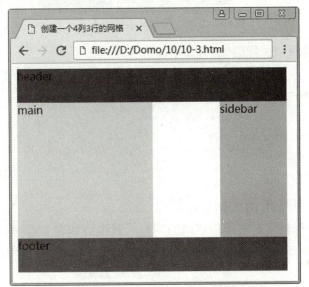

图 10-8　创建一个 4 列 3 行的网格效果

例 10-3 的代码将创建一个 4 列 3 行的网格，整个顶行将由 header 区域组成。中间一排将由两个 main 区域（一个空单元格，另一个 sidebar 区域）组成。最后一行全是 footer 区域组成。

在网格模板区域（grid-template-areas）声明中的每一行都需要有相同数量的单元格。

可以使用任意数量的相邻的点来声明单个空单元格。

4. grid-column-gap 和 grid-row-gap 属性

指定网格线 (Grid Lines) 的大小，可以想象为设置列和行之间间距的宽度。但只能在列和行之间创建间距，网格外部边缘不会有这个间距，如图 10-9 所示。

属性值为：

<line-size>：长度值

CSS 代码：

```
.container{
    grid-column-gap:<line-size>;
    grid-row-gap:<line-size>;
}
```

创建4行3列的网格

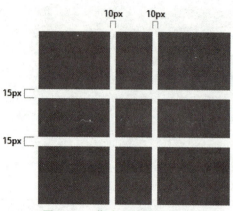

图 10-9 指定网格线的大小

图 10-9 效果实现的 CSS 代码如下:

```
.container{
    grid-template-columns:100px 50px 100px;
    grid-template-rows:80px auto 80px;
    grid-column-gap:10px;
    grid-row-gap:15px;
}
```

5. justify-items 和 align-items 属性

justify-items 沿着行轴线对齐网格项内的内容,属性值如表 10-3 所示;align-items 沿着列轴线对齐,属性值如表 10-4 所示;这两个属性的值适用于容器内的所有网格项。

表 10-3 justify-items 属性值

justify-items 属性值	含 义	图 示
start	将内容对齐到网格区域 (grid area) 的左侧	
end	将内容对齐到网格区域的右侧	
center	将内容对齐到网格区域的中间(水平居中)	
stretch	填满网格区域宽度(默认值)	

justify-items 属性的 CSS 代码格式如下:

```
.container{
    justify-items:start|end|center|stretch;
}
```

表 10-4　align-items 属性值

align-items 属性值	含义	示例
start	将内容对齐到网格区域的顶部	
end	将内容对齐到网格区域的底部	
center	将内容对齐到网格区域的中间（垂直居中）	
stretch	填满网格区域高度（默认值）	

align-items 属性的 CSS 代码如下：

```
.container{
    align-items:start|end|center|stretch;
}
```

6. justify-content 和 align-content 属性

justify-content 属性使用情况当网格合计大小可能小于其网格容器的大小时，所有网格项都使用像素这样的非灵活单位设置大小的情况下，可以设置网格容器内的网格的对齐方式。此属性沿着行轴线对齐网格，属性值如表 10-5 所示。

表 10-5　justify-content 属性值

justify-content 属性值	含义	示例
start	将网格对齐到网格容器的左边	
end	将网格对齐到网格容器的右边	
center	将网格对齐到网格容器的中间（水平居中）	
stretch	调整网格项的宽度，允许该网格填充满整个网格容器的宽度	

justify-content 属性值	含 义	示 例
space-around	在每个网格项之间放置一个均匀的空间，左右两端放置一半的空间	
space-between	在每个网格项之间放置一个均匀的空间，左右两端没有空间	
space-evenly	在每个栅格项目之间放置一个均匀的空间，左右两端放置一个均匀的空间	

justify-content 属性的 CSS 代码如下：

```
.container{
    justify-content:start|end|center|stretch|space-around|space-between|space-evenly;
}
```

align-content 属性使用情况：网格合计大小可能小于其网格容器的大小时，所有网格项都使用像素这样的非灵活单位设置大小的情况下，可以设置网格容器内的网格的对齐方式。此属性沿着列轴线对齐网格，属性值如表 10-6 所示。

表 10-6　align-content 属性值

align-content 属性值	含 义	示 例
start	将网格对齐到网格容器的顶部	
end	将网格对齐到网格容器的底部	

align-content 属性值	含 义	示 例
center	将网格对齐到网格容器的中间（垂直居中）	
stretch	调整网格项的高度，允许该网格填充满整个网格容器的高度	
space-around	在每个网格项之间放置一个均匀的空间，上下两端放置一半的空间	
space-between	在每个网格项之间放置一个均匀的空间，上下两端没有空间	
space-evenly	在每个栅格项目之间放置一个均匀的空间，上下两端放置一个均匀的空间	

align-content 属性的 CSS 代码如下：

```
.container{
    align-content:start|end|center|stretch|space-around|space-between|space-evenly;
}
```

7. grid-auto-columns 和 grid-auto-rows 属性

指定任何自动生成的网格轨道（又名隐式网格轨道）的大小。在明确定位的行或列（通过 grid-template-rows 或 grid-template-columns）超出定义的网格范围时，隐式网格轨道被创建了。属性值为 <track-size>。

<track-size>：可以是长度值、百分比，或者等分网格容器中可用空间（fr 单位）

CSS 代码如下：

```
.container{
    grid-auto-columns:<track-size>...;
    grid-auto-rows:<track-size>...;
}
```

为了说明如何创建隐式网格轨道，请看以下的代码：

```
.container{display:grid;
    grid-template-columns:60px 60px;
    grid-template-rows:90px 90px
}
```

这样会生成了一个 2×2 的网格，下面修改一下使用 grid-column 和 grid-row 来定位网格项。

```
.item-a{
    grid-column:1/2;
    grid-row:2/3;
}
.item-b{
    grid-column:5/6;
    grid-row:2/3;
}
```

效果分析如图 10-10 所示。

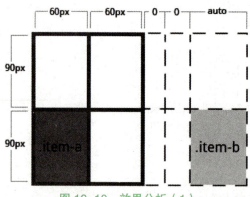

图 10-10　效果分析（1）

从图 10-10 可以看出，让 item-b 从第 5 条列网格线开始到第 6 条列网格线结束，但从来没有定义过第 5 或 6 列网格线。

因为引用的网格线不存在，所以创建宽度为 0 的隐式网格轨道以填补空缺。可以使用 grid-auto-columns 和 grid-auto-rows 来指定这些隐式轨道的大小，CSS 代码如下：

```
.container{
    grid-auto-columns:60px;
}
```

效果分析如图 10-11 所示。

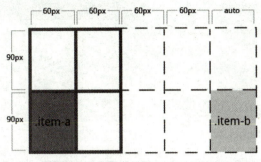

图 10-11　效果分析（2）

8. grid-auto-flow 属性

如果有一些没有明确放置在网格上的网格项，自动放置算法会自动放置这些网格项。该属性控制自动布局算法，属性值为 row、column 和 dense。

（1）row：告诉自动布局算法依次填充每行，根据需要添加新行。

（2）column：告诉自动布局算法依次填入每列，根据需要添加新列。

（3）dense：告诉自动布局算法在稍后出现较小的网格项时，尝试填充网格中较早的空缺。

CSS 代码如下。

```
.container{
    grid-auto-flow:row|column|rowdense|columndense
}
```

10.2.3　子元素网格项的属性

1. grid-column-start、grid-column-end、grid-row-start 和 grid-row-end 属性

通过指定网格线来确定网格内网格项的位置。grid-column-start 和 grid-row-start 是网格项开始的网格线，grid-column-end 和 grid-row-end 是网格项结束的网格线。

属性值为 <line>、span<number>、span<name>、auto。

（1）<line>：可以是一个数字引用一个编号的网格线，或一个名称来引用一个命名的网格线。

（2）span<number>：该网格项将跨越所提供的网格轨道数量。

（3）span<name>：该网格项将跨越到所提供的名称位置。

（4）auto：表示自动放置、自动跨度，默认会扩展一个网格轨道的宽度或者高度。

CSS 代码如下。

```
.item{
    grid-column-start:<number>|<name>|span<number>|span<name>|auto
    grid-column-end:<number>|<name>|span<number>|span<name>|auto
    grid-row-start:<number>|<name>|span<number>|span<name>|auto
    grid-row-end:<number>|<name>|span<number>|span<name>|auto
}
```

例如，如下 CSS 代码。

```
.item-a{
  grid-column-start:2;
  grid-column-end:five;
  grid-row-start:row1-start
  grid-row-end:3
}
```

效果分析如图 10-12 所示。

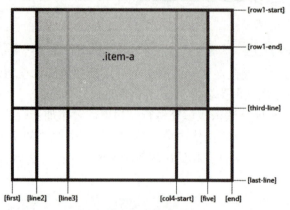

图 10-12　效果分析（1）

又如下 CSS 代码。

```
.item-b{
  grid-column-start:1;
  grid-column-end:spancol4-start;
  grid-row-start:2
  grid-row-end:span2
}
```

效果分析如图 10-13 所示。

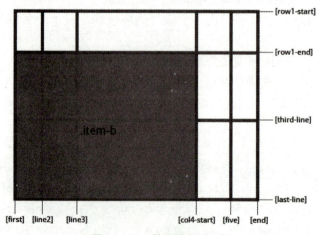

图 10-13　效果分析（2）

如果没有声明指定 grid-column-end 和 grid-row-end 属性，默认情况下，该网格项将占据一个轨道。

项目可以相互重叠，可以使用 z-index 来控制它们的重叠顺序。

【例 10-4】网格项跨行、跨列和重叠实例（示例文件 10-4.html）。

```
1  <!DOCTYPE html>
2  <html lang="en">
3  <head>
4      <meta charset="UTF-8">
5      <title>网格项跨行、跨列</title>
6      <style>
7          .wrapper{
8              display:grid;
9              grid-template-columns:200px 200px 200px;
10             grid-template-rows:100px 100px 100px;
11         }
12         .wrapper div{
13             color:#fff;
14             font-size:50px;
15             line-height:50px;
16             text-align:center;
17             margin:1px;
18         }
19         .item1{
20             background-color:#acf888;
21             grid-column:1/4;
22         }
23         .item2{
24             background-color:#fe0975;
25         }
26         .item3{
27             background-color:#5efffa;
28             grid-row-start:2;
29             grid-row-end:4;
30         }
31         .item4{
32             background-color:#e6b4fd;
33             opacity:0.8;
34             grid-column:2/4;
35             grid-row:3/4;
36             z-index:0;
37         }
```

```
38              .item5{
39                  background-color:#8dfecd;
40                  grid-column:1/3;
41              }
42              .item6{
43                  background-color:#fd9a5c;
44                  grid-row:2/5;
45                  grid-column:3/4;
46              }
47          </style>
48      </head>
49      <body>
50          <div class="wrapper">
51              <div class="item1">1</div>
52              <div class="item2">2</div>
53              <div class="item3">3</div>
54              <div class="item4">4</div>
55              <div class="item5">5</div>
56              <div class="item6">6</div>
57          </div>
58      </body>
59  </html>
```

在浏览器中预览效果如图 10-14 所示。

网格项跨行、跨列实例

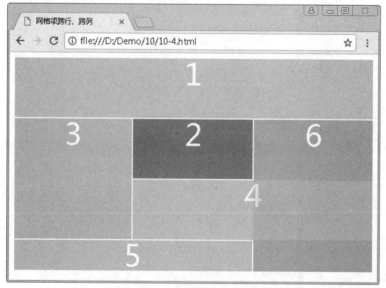

图 10-14　网格项跨行、跨列效果

2. justify-self 和 align-self 属性

（1）justify-self 属性：沿着行轴线对齐网格项内的内容，此值适用于单个网格项内的内容。

属性值为 start、end、center、stretch。
① start：将内容对齐到网格区域的左侧。
② end：将内容对齐到网格区域的右侧。
③ center：将内容对齐到网格区域的中间（水平居中）。
④ stretch：填充整个网格区域的宽度（这是默认值）。
CSS 代码如下。

```
.item-a{
    justify-self:start|end|center|stretch;
}
```

（2）align-self 属性：沿着列轴线对齐网格项内的内容，此值适用于单个网格项内的内容。
属性值为 start、end、center、stretch。
① start：将内容对齐到网格区域的顶部。
② end：将内容对齐到网格区域的底部。
③ center：将内容对齐到网格区域的中间（垂直居中）。
④ stretch：填充整个网格区域的高度（这是默认值）。
CSS 代码如下。

```
.item{
    align-self:start|end|center|stretch;
}
```

10.3 项目实施

通过本项目实施，学习简单的网格布局概念，掌握网格布局的技巧，理解网格布局系统强大灵活的特性。

10.3.1 创建网格布局

具体操作步骤如下。

（1）创建一个网格，首先需要定义一个父级容器（wrapper），在这个容器中放置 6 个子元素（items）。使用 HTML 标记，在每个子元素 (items) 加上了单独的 class 名，如图 10-15 所示。保存文件名为 "10-5.html"。

```
38      <div class="wrapper">
39          <div class="item1">1</div>
40          <div class="item2">2</div>
41          <div class="item3">3</div>
42          <div class="item4">4</div>
43          <div class="item5">5</div>
44          <div class="item6">6</div>
45      </div>
```

图 10-15　创建网格代码

（2）为了能够清楚地区分不同的网格，给这 6 个网格添加不同的样式，如图 10-16 所示。

```
10      .wrapper div{
11          color:#fff;
12          font-size: 50px;
13          line-height: 50px;
14          text-align: center;
15          margin: 1px;
16      }
17      .item1{
18          background-color: #acf888;
19      }
20      .item2{
21          background-color: #fe0975;
22      }
23      .item3{
24          background-color: #5efffa;
25      }
26      .item4{
27          background-color: #e6b4fd;
28      }
29      .item5{
30          background-color: #8dfecd;
31      }
32      .item6{
33          background-color: #fd9a5c;
34      }
```

图 10-16 添加不同样式代码

（3）要把父容器（wrapper）变成一个网格 (grid)，只要简单地把其 display 属性设置为 grid 即可，如图 10-17 所示。

图 10-17 将 display 属性设置为 grid

这样就会得到如图 10-18 所示的浏览效果。

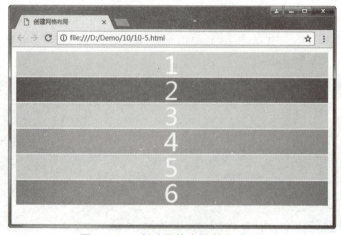

图 10-18 创建网格布局效果（1）

（4）设置网格的 Columns(列) 和 rows(行)，定义网格样式，通过 grid-template-columns 和 grid-template-rows 属性来设置，如图 10-19 所示。

图 10-19　定义网格样式代码

可以看到，grid-template-columns 属性有 3 个值，这样就会得到三列，值分别表示：第一列的宽度是 150px，第二列的宽度是 20px，第三列的宽度是 150px。

grid-template-rows 属性有两个值，这样就会得到两行，值分别表示：第一行的高度是 100px，第二行的高度是 100px。

在浏览器预览效果如图 10-20 所示。

图 10-20　创建网格布局效果（2）

（5）为了更好地理解这些值与网格外观之间的关系，修改属性的参数值。将下列代码修改为 2 列 3 行，并且定义第一列宽度 200 像素、第二列宽度 200 像素（grid-template-columns:200px 200px;），第一行高度 50 像素、第二行高度 100 像素、第三行高度 50 像素（grid-template-rows:50px 100px 50px;），如图 10-21 所示。

```
7       .wrapper{
8           display: grid;
9           grid-template-columns: 200px 200px;
10          grid-template-rows: 50px 100px 50px;
11      }
```

图 10-21　修改为 2 列 3 行代码

在浏览器预览修改后的代码的效果如图 10-22 所示。

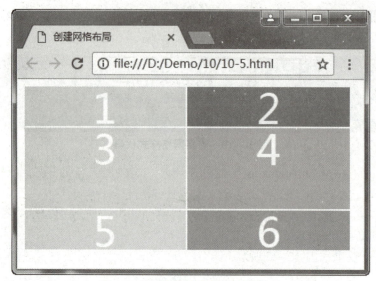

图 10-22 创建网格布局效果（3）

（6）接下来继续改变网格的属性设置，让 item1（子元素）独占一行，修改 item1 的 CSS 属性如图 10-23 所示。

```
.item1{
    background-color: #acf888;
    grid-column-start: 1;
    grid-column-end: 4;
}
```

图 10-23 修改 item1 的 CSS 属性

在浏览器预览修改后的代码的效果如图 10-24 所示。

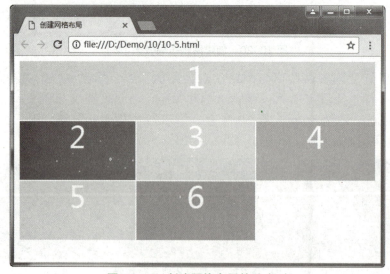

图 10-24 创建网格布局效果（4）

上面 grid-column-start 和 grid-column-end 的值是指从哪个网格线开始到哪个网格线结束。设置了开始值为 1，结束值为 4，如图 10-25 所示，其中的四条黑色竖线表示列网格线。

图 10-25　创建网格布局效果（5）

在图 10-24 代码中，设置 item1 占据从第 1 条网格线开始到第 4 条网格线结束，让它独立占据整行的设置方法就是第 21、22 行设置列的网格线从 1 开始（grid-column-start:1;）到 4 结束（grid-column-end:4;）。

用更简单的缩写方法编写语法代码，来实现上面的效果，如图 10-26 所示。

```
19      .item1{
20          background-color: #acf888;
21          grid-column: 1/4;
22      }
```

图 10-26　简单缩写方法编写语法代码

（7）为了更加牢固地理解了这个概念，重新排列其他的 items(子元素)，代码如图 10-27 所示。

```
19      .item1{
20          background-color: #acf888;
21          grid-column-start: 1;
22          grid-column-end: 3;
23      }
24      .item2{
25          background-color: #fe0975;
26      }
27      .item3{
28          background-color: #5efffa;
29          grid-row-start: 2;
30          grid-row-end: 4;
31      }
32      .item4{
33          background-color: #e6b4fd;
34          grid-column-start: 2;
35          grid-column-end: 4;
36      }
```

图 10-27　重新排列其他的 items（子元素）的代码

在浏览器中预览重新排列后网格布局的效果，如图 10-28 所示。

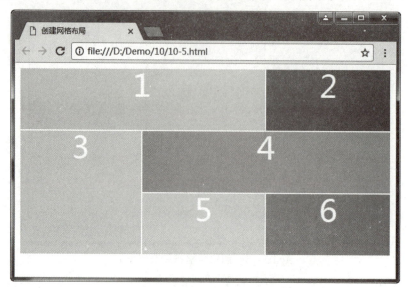

图 10-28　重新排列后网格布局的效果

创建网格布局

10.3.2　创建双飞翼布局

在没有 grid 布局以前，完成这样左右固定中间自适应的双飞翼布局需要使用 margin、float、position 等方法来解决，学习完 grid 布局后，只需要简单的四个步骤就可以得到一个基本的双飞翼布局。

（1）创建一个容器，通过"display:grid;"声明这个容器是一个网格容器。

（2）同样在容器中设置 grid-template-columns 和 grid-template-rows 声明网格轨道（声明行和列）。

（3）在网格容器中添加子元素，创建网格项目（单元格）。

（4）使用 grid-column 和 grid-row 属性来指定网格项目（单元格）的列和行。

创建一个如图 10-29 所示的网页布局。

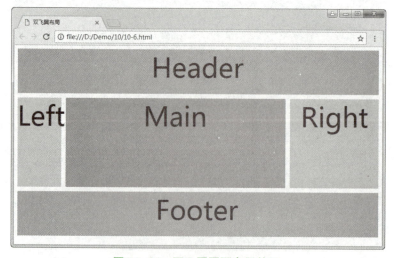

图 10-29　双飞翼网页布局效果

具体操作步骤如下。

（1）用 Sublime 编辑器，新建一个文件，保存文件名为"10-6.html"。

（2）创建一个类名为"container"的网格容器，设置容器的 display 属性为 grid，在父容器中创建三个类名称分别为"left""main""right"的子元素。按图 10-29 设置区块样式。

```
1  <!DOCTYPE html>
2  <html lang="en">
3  <head>
4      <meta charset="UTF-8">
5      <title>双飞翼布局</title>
6      <style>
7      .container{
8          display:grid;
9          grid-template-columns:100px auto 200px;
10         grid-template-rows:100px;
11         grid-gap:10px;
12     }
13     .left{background-color:lightgreen; }
14     .main{background-color:lightcoral;}
15     .right{background-color:lightpink;}
16     .container div{font-size:60px;text-align:center;}
17     </style>
18 </head>
19 <body>
20     <div class="container">
21         <div class="left">Left</div>
22         <div class="main">Main</div>
23         <div class="right">Right</div>
24     </div>
25 </body>
26 </html>
```

关键设置是第 7~12 行。

第 8 行设置父容器的 display 属性为 grid。

第 9 行定义网格为 3 列，第一列宽度为 100 像素、第二列宽度为自动、第三列宽度为 200 像素（grid-template-columns:100px auto 200px;）。

第 10 行定义网格为 1 行，行高为 100 像素（grid-template-rows:100px;）。

第 11 行定义了行和列之间的网格线宽度为 10 像素（grid-gap:10px;）。

在浏览器预览效果如图 10-30 所示。

图 10-30　双飞翼布局效果（1）

（3）在父元素"container"下增加两个类名为"header""footer"的子元素，如图 10-31 所示；设置网格行为三行："header"块位于第一行，行高为 100 像素；"left""main""right"块位于第二行，行高为 200 像素；"footer"块位于第三行，行高为 100 像素，如图 10-32 所示。

```
31    <div class="container">
32        <div class="header">Header</div>
33        <div class="left">Left</div>
34        <div class="main">Main</div>
35        <div class="right">Right</div>
36        <div class="footer">Footer</div>
37    </div>
```

图 10-31　增加两个块的代码

```
 7    .container{
 8        display:grid;
 9        grid-template-columns:100px auto 200px;
10        grid-template-rows:100px 200px 100px;
11        grid-gap:10px;
12    }
13    .header{
14        background:deepskyblue;
15        grid-column: 1/4;
16    }
17    .footer{
18        background:deepskyblue;
19        grid-column: 1/4;
20    }
```

图 10-32　设置网格行的代码

（4）文件另存为"10-7.html"，设置"container"网格容器内的网格项沿行轴的对齐方式为 center，设置"main"块的宽度为 600 像素，这样一个水平居中的布局就设置好了。

```
1  <!DOCTYPE html>
2  <html lang="en">
3  <head>
4      <meta charset="UTF-8">
5      <title>双飞翼布局</title>
```

```
6           <style>
7             .container{
8                  display:grid;
9                  grid-template-columns:100px auto 200px;
10                 grid-template-rows:100px 200px 100px;
11                 grid-column-gap:10px;
12                 justify-content:center;
13            }
14            .header{
15                 background-color:deepskyblue;
16                 grid-column:1/4;
17            }
18            .footer{
19                 background-color:deepskyblue;
20                 grid-column:1/4;
21            }
22            .left{
23                 background-color:lightgreen;
24            }
25            .main{
26                 background-color:lightcoral;
27                 width:600px;
28            }
29            .right{
30                 background-color:lightpink;
31            }
32            .container div{font-size:60px;text-align:center;}
33          </style>
34 </head>
35 <body>
36      <div class="container">
37           <div class="header">header</div>
38           <div class="left">left</div>
39           <div class="main">main</div>
40           <div class="right">right</div>
41           <div class="footer">footer</div>
42      </div>
43 </body>
44 </html>
```

在浏览器预览代码,效果如图 10-33 所示。

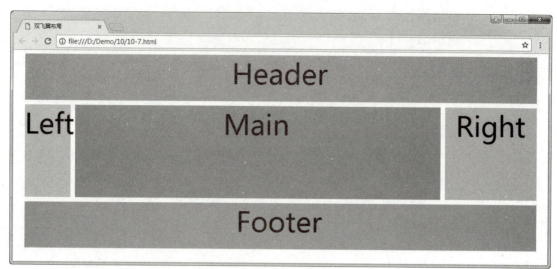

创建双飞翼布局

图 10-33 双飞翼布局效果（2）

10.4 项目拓展

通过项目实施，学习了如何创建网格布局、双飞翼布局的案例，掌握了布局的跨行、跨列、轴线对齐等知识。下面通过项目拓展学习使用网格布局来创建一个超酷的图像网格，会根据屏幕的宽度改变列的数量，以实现响应式布局。

具体操作步骤如下。

（1）创建一个2行3列网格布局，网格容器类名为"wrapper"，六个网格子元素类名为"item（n）"，分别设置行高50像素、列宽100像素，网格项宽度5像素，设置元素样式，如图10-34所示。

图 10-34 创建一个2行3列网格布局

（2）使用等分单位（fr）实现基本的响应式。等分单位允许将容器可用空间分成想要的多个等分空间，然后将每个列更改为一个等分单位宽度，设置"grid-template-columns:1fr 1fr 1fr;"实现列宽度自响应，如图10-35所示。

项目 10 CSS 3 创建网格布局

图 10-35 使用等分单位实现基本的响应式

如果设置"grid-template-columns:1fr 2fr 1fr;",那么第 2 列现在将是另外 2 列的 2 倍。总宽度现在是 4 等分,第 2 列占据了 2 等分,而其他 2 列则各占 1 等分,如图 10-36 所示,也就是说,等分单位值可以非常容易地改变列的宽度。

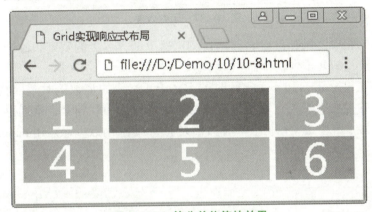

图 10-36 等分单位值的效果

(3) 更加高级的响应式。

上面的设置并不是最终想要的响应式,因为这个网格总是包含 3 列。如果希望网格根据容器的宽度来改变列的数量,那么就需要做如下操作。

① repeat() 函数是指定列和行更强大的方法。把原来的网格改成使用 repeat( ) 函数形式来定义。

② 将原来的 CSS 代码:

```
grid-template-columns:100px 100px 100px;
grid-template-rows:50px 50px;
```

改为下面的 CSS 代码:

```
grid-template-columns:repeat(3,100px);
grid-template-rows:repeat(2,50px);
```

上面代码中,repeat(3, 100px) 与 100px 100px 100px 相同。第一个参数指定了列数或行数,第二个参数指定了它们的宽度,所以上面的代码将创建与图 10-35 一样的布局。

③ 设置自适应(auto-fit)。跳过固定数量的列,而是用 auto-fit 取代 3,修改 CSS 代码如下:

231

```css
.wrapper{
  display:grid;
  grid-template-columns:repeat(auto-fit,100px);
  grid-template-rows:repeat(2,50px);
  grid-gap:5px;
}
```

预览效果如图 10-37 所示。

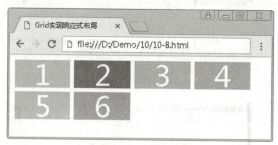

图 10-37 预览效果

改变浏览器的宽度，网格已经可以通过浏览器（即容器）的宽度来改变列的数量，尽可能多地将 100 像素宽的列排列在容器中。

当浏览器的宽度介于 n 和 n+1 之间时（不是子元素块的整数倍时），浏览器的右侧会出现小于 105 像素的空白区域。这就是说，将所有列都设为 100 像素，永远得不到自适应容器宽度的灵活性。为了解决这个问题，具体方法是 minmax() 函数，只需用 minmax(100px, 1fr) 替换 100 像素即可。

修改 CSS 代码为：

```css
.wrapper{
  display:grid;
  grid-template-columns:repeat(auto-fit,minmax(100px,1fr));
  grid-template-rows:repeat(2,50px);
  grid-gap:5px;
}
```

修改代码后浏览器预览效果如图 10-38 所示。

图 10-38 修改后的预览效果

minmax() 函数定义大于或等于 min 且小于或等于 max 的大小范围。所以现在列的宽度至少 100 像素，但是，如果有更多的可用空间，网格将简单地分配给每个列，因为列的值变成了一个等分单位 1fr，而不是 100 像素。

项目 10 CSS 3 创建网格布局

（4）添加图片，在每个网格项内添加一个 img 标签，如图 10-39 所示。

```
28      <div class="wrapper">
29          <div class="item1"><img src="images/1.jpg" alt=""></div>
30          <div class="item2"><img src="images/2.jpg" alt=""></div>
31          <div class="item3"><img src="images/3.jpg" alt=""></div>
32          <div class="item4"><img src="images/4.jpg" alt=""></div>
33          <div class="item5"><img src="images/5.jpg" alt=""></div>
34          <div class="item6"><img src="images/6.jpg" alt=""></div>
35      </div>
```

图 10-39　添加图片代码

为了使图像适合该网格项，将图像设置为与网格项一样的宽度和高度，然后使用 "object-fit:cover;" 将使图片覆盖整个容器，根据网格项的大小，浏览器会裁剪该图片，其代码如图 10-40 所示。

```
20      img {
21          width: 100%;
22          height: 100%;
23          object-fit: cover;
24      }
```

图 10-40　图像设置代码

实例代码如下：

```
1   <!DOCTYPE html>
2   <html lang="en">
3   <head>
4       <meta charset="UTF-8">
5       <title>Grid 实现响应式布局</title>
6       <style>
7           .wrapper{
8               display:grid;
9               grid-template-columns:repeat(auto-fit, minmax(192px, 1fr));
10              grid-template-rows:repeat(2,120px);
11              grid-gap:5px;
12          }
13          .wrapper div{
14              color:#fff;
15              font-size:50px;
16              line-height:50px;
17              text-align:center;
18              margin:1px;
19          }
20          img {
21              width:100%;
22              height:100%;
```

```
23                    object-fit:cover;
24                }
25         </style>
26 </head>
27 <body>
28        <div class="wrapper">
29              <div class="item1"><img src="images/1.jpg" alt=""></div>
30              <div class="item2"><img src="images/2.jpg" alt=""></div>
31              <div class="item3"><img src="images/3.jpg" alt=""></div>
32              <div class="item4"><img src="images/4.jpg" alt=""></div>
33              <div class="item5"><img src="images/5.jpg" alt=""></div>
34              <div class="item6"><img src="images/6.jpg" alt=""></div>
35        </div>
36 </body>
37 </html>
```

在浏览器预览效果如图 10-41 所示。

Grid实现响应式布局

图 10-41　Grid 实现响应式布局的最终效果

10.5　项目小结

通过项目实施和项目拓展学习了如何创建网格布局、双飞翼布局和响应式布局 3 个案例。学习了网格容器、网格项、网格线、网格轨道、网格区域等网格布局的重要术语和网格容器、网格项的属性等知识。

本项目将基本知识点总结如表 10-7 所示。

表 10-7 网格布局知识点总结

知识点		内　　容
重要术语	网格容器	任何应用 display 属性值为 grid 的元素就是网格容器
	网格项	网格容器的直接子元素
	网格线	构成网格结构的分界线
	网格轨道	两条相邻网格线之间的空间
	网格区域	四条网格线包围的总空间
网格容器属性	display	将元素定义为网格容器
	grid-template-columns	用来定义网格的列，表示网格轨道大小
	grid-template-rows	用来定义网格的行，表示网格轨道大小
	fr 单位	指用等分网格容器剩余可用空间来设置网格轨道的大小
	grid-template-areas	指定网格区域名称来定义网格模板
	grid-column-gap	指定列网格线的大小，列和列之间的宽度
	grid-row-gap	指定行网格线的大小，行和行之间的宽度
	justify-items	设置沿着行轴线对齐网格项内的内容
	align-items	设置沿着列轴线对齐网格项内的内容
	justify-content	设置网格容器内的网格沿着行轴线的对齐方式
	align-content	设置网格容器内的网格沿着列轴线的对齐方式
	grid-auto-columns	指定自动生成的隐式网格轨道列的大小
	grid-auto-rows	指定自动生成的隐式网格轨道行的大小
	grid-auto-flow	设置用自动放置算法会自动放置这些网格项
网格项的属性	grid-column-start 和 grid-row-start	通过指定网格线来确定网格内网格项的位置，grid-column-start 和 grid-row-start 是网格项目开始的网格线
	grid-column-end 和 grid-row-end	通过指定网格线来确定网格内网格项的位置，grid-column-end 和 grid-row-end 是网格项结束的网格线
	justify-self	沿着行轴线对齐网格项内的内容
	align-self	沿着列轴线对齐网格项内的内容

10.6 技能训练

通过测试练习环节,对本项目实施中涉及的网格布局实例进行变化练习,熟悉网格容器和网格元素的属性,开阔网格布局的思路,提高对网格布局的理解。

打开素材中的 Exercise10.html 文件,修改网格容器定义行、列的属性,完成如图 10-42 所示的练习,也可以举一反三,练习各种各样的布局。

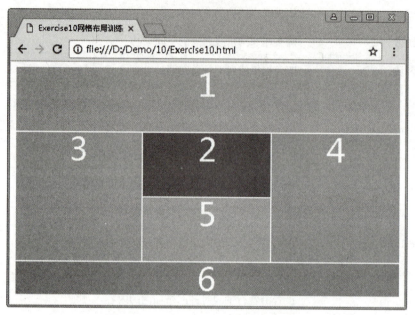

图 10-42　Exercise 10 网格布局训练

参考文献

［1］刘玉红. HTML 5+CSS 3+JavaScript 网页设计案例课堂. 北京：清华大学出版社，2015.
［2］莫振杰. HTML 与 CSS 基础教程. 北京：人民邮电出版社，2016.
［3］Web 前端设计网站 www.css88.com/archives/8510.